雅各布斯的思想与摩西式的建造

Building Like Moses with Jacobs in Mind

纽约市当代规划

CONTEMPORARY PLANNING IN NEW YORK CITY

[美] 斯科特·拉森 著　　汪劲柏 译

中国建筑工业出版社

著作权合同登记图字：01-2021-6712号
图书在版编目（CIP）数据

雅各布斯的思想与摩西式的建造：纽约市当代规划 /（美）斯科特·拉森（Scott Larson）著；汪劲柏译. —北京：中国建筑工业出版社，2022.3
书名原文：Building Like Moses with Jacobs in Mind : CONTEMPORARY PLANNING IN NEW YORK CITY
ISBN 978-7-112-26880-1

Ⅰ. ①雅… Ⅱ. ①斯… ②汪… Ⅲ. ①城市规划－研究－纽约 Ⅳ. ①TU984.712

中国版本图书馆CIP数据核字（2021）第247135号

责任编辑：孙书妍
书籍设计：锋尚设计
责任校对：李美娜

雅各布斯的思想与摩西式的建造 纽约市当代规划
Building Like Moses with Jacobs in Mind
CONTEMPORARY PLANNING IN NEW YORK CITY
［美］斯科特·拉森 著
汪劲柏 译
*
中国建筑工业出版社出版、发行（北京海淀三里河路9号）
各地新华书店、建筑书店经销
北京锋尚制版有限公司制版
北京中科印刷有限公司印刷
*
开本：787毫米×960毫米 1/16 印张：12½ 字数：214千字
2022年1月第一版 2022年1月第一次印刷
定价：49.00元
ISBN 978-7-112-26880-1
（38632）

译者序

城市发展与规划建设思想的世纪碰撞
——再论雅各布斯的思想与摩西式的建造

在城市发展和规划建设的经典思想体系中，简·雅各布斯和罗伯特·摩西是偶像级的思想坐标，至少在西方世界引导和塑造了关于城市发展的两种力量，并在全球层面形成了广泛深远影响。

本书中用“守护神”（Patron Saint）和“搞定人”（Git'r Done Man）分别指代雅各布斯和摩西，用的是美国俚语的表达方式，可谓非常传神。

雅各布斯就像是街道的“守护神”，庇护着街道现存的复杂性和多样性，主张渐进式更新和本地化参与，好似呵护着一群孩子的妈妈。她自己的公众角色也常常是一个“慈母”，这让她占据了道德的制高点，虽然她对近代城市规划的批判近乎是颠覆性的。

而摩西就像是一个目光深邃、话语不多但行动力非常强的有些许粗鲁的“爸爸”，他主张用大规模推倒重建的方法解决城市拥堵、基础设施老化不足等问题。他善于斡旋复杂的政治关系，建立自己的权威和行动力，推动实施大规模建造，在建设一系列城市伟大工程的同时，对许多原住空间的大规模征拆和过高的建设投入也让他争议不断，站在了舆论的另一面，即雅各布斯的对立面。

二者一直被认为是对立的、不可调和的“传奇色彩的宿敌”。他们的粉丝和拥趸展开了长期持续的争论，这边举办一个论坛，那边就举办一个展览，这边设立一个奖项，那边就发起一个行动，似乎是一时之瑜亮，各有千秋。

但从本书书名可以看出，这种争论不是本书想要表达的核心，相反，本书的着眼点是要超越二者之争，寻求雅各布斯的思想与摩西式建造的融合。

那么，何谓“雅各布斯的思想与摩西式建造”的融合呢？

本书开篇借助2006年哥谭论坛上纽约规划委员会主席阿曼达·波顿（Amanda Burden）的表述，提出了新的主张，即把目光从分歧转向合作，寻找“雅各布斯的思想与摩西式建造”的融合，或者说兼用。

书中首先提出“为罗伯特·摩西”平反。援引了巴隆和杰克逊的观点，他们认为：摩西“思考了城市与地区、国家和世界之间的关系”，并以他传奇的制作精神，逐步定义了“后工业时代纽约的使命”（Ballon，2008），推动了联邦政策——“通过规划来塑造市场进程”（Ballon，2007），其最终目标是“推动大都市现代化并保持其强大”。他们敏锐地观察到，自20世纪80年代以来，由于纽约逐渐构建起“政府和市民多重审查的程序”，许多为了维持纽约在世界上的顶尖地位而推动的雄心勃勃的项目类型很难得到批准，这让人们重新想起了摩西，他的声誉出现好转（Ballon and Jackson，2007）。

书中同时又提出“再访简·雅各布斯”，认为雅各布斯的故事也不简单，任何试图为她长久以来的思想遗产盖棺定论的努力都会很快面临对她影响力的各种解读，甚至有时是相互矛盾的。比如，她的批评者认为她的书在“成年人的判断中夹杂着女学生的可笑谬误”，“近乎痴迷地关注预防暴力犯罪”，而在对大城市的关注上显得短视（Mumford，1962）。更多人认为，她的思想在社区组织和城市形态方面提供了一种开放式对话的平台。

这说明，本书并不是简单的对二者进行融合，而是寻求对二者思想的时代性反思，以及在此基础上的进一步剖析和引申思考。为了实现这一目标，本书第3～6章和第8章解析了纽约的实践、规划的做法、对实际开发的驱动机制，以及在多伦多和波特兰的传播，进而在第7章提出了二者思想融合的基本框架。

书中将雅各布斯和摩西的交汇点概括为两个方面：都将建成环境视为问题的根源，都是为更强大的精英建造城市。雅各布斯和摩西都认为空间与资本关系是以房地产为基础的经济发展的种子，是城市复兴的关键。只不过二者采取的方式不同，摩西的方式是通过清除贫民窟和枯萎病、隔离公共住房，以及发展林肯中心和联合国大厦等公众机构来达到城市复兴，雅各布斯的设想是对有抱负的社区进行一户一户、一个街区一个街区的修复。

第9章中进一步剖析了作为公共关怀的设计的运用情景，认为通过设计带来更大的房地产价值和更高质量的生活，是纽约城市实践寻求摩西和雅各布斯思想融合的具体抓手。比如，波顿主张在喷气机队体育场的四周建设公园，提倡在街道层面进行零售和公共用途，坚持提供更多公共空间来改善大西洋广场开发，这些努力从根本上符合雅各布斯的原则，即使这些大型项目的规模和获得批准的方式“压倒了任何关于可能联系到雅各布斯思想的讨论”（Barwick，2008），也就是说带有着摩西式建造的特征。

在最后的总结章节中，作者对纽约市解读摩西和雅各布斯的观点及做法进行了批判，认为这些观点和做法的历史局限性在于，都是阶层政治的产物，都是为了精英而作的规划，都是为了提升城市空间价值，都是“士绅化”政治的产物，对真正理想的城市并没有太大作用。并提出，只有超越雅各布斯和摩西，才能直面布隆伯格议程核心的规范逻辑，才能为所有居民建造一座城市。

但从全书来看，这最后章节的批判只是一种观点的提出，并没有真正展开怎样才是为所有居民建造一座城市。真正贯穿全书的思想更像是一种历史虚无主义，即无论雅各布斯还是摩西的思想，都在不同时代被人们所解读，服务于该时代的需要，即便这种解读与他们的思想初衷不尽一致。

诚然，任何一个特定的思想或理论，一旦其发布推出，就不可避免会面临不同人群从不同视角的解读。而未来的实践环境，总是与形成理论的历史环境不同，这也就意味着理论的照用本身是不可取的。但不可否认的是，雅各布斯和摩西的思想，对城市规划建设事业来说，具有导航灯塔的作用，对我国当前所处的阶段尤其具有历史性的借鉴意义。

我国改革开放已四十余年，也是大规模建设的四十余年。城镇化率从不到30%到如今超过60%（第七次人口普查数据），城镇化率提高了一倍多，城市空间扩张了更多倍，其中包含了大量的城市开发建设项目，更像是摩西的大建造主义的体现。但这种趋势到今天已经走到了时代的转折点。

目前，对大规模征拆和成片开发的“紧箍咒”政策正逐步收紧，规划职能从建设管理系统整体剥离到国土空间管理系统，推动时代趋势正在从大规模建造走向精细化建设，对资源的保护与高质量利用成为主流。

这种趋势，看起来就像是从摩西式建造走向雅各布斯的思想实践。但真是这样吗？

单从本书阐述的内容看，这二者之间不是替代关系，而是可协同、可互相优化的关系，即雅各布斯的思想和摩西式的建造都可以在现实发展中发挥作用。

摩西和雅各布斯就像是大建造主义和精细化更新的光谱两极，提供了思想的坐标和实践的灯塔，也给我国下一步的建设更新工作提供了参考系。虽然这种参考系是基于西方环境的，其部分思想被本书所批判，但不可否认他们在推动人类城市建设工作方面做出的积极探索和尝试，他们在纽约、波特兰、多伦多及其他城市的建设实践，是城市建设的精彩案例，这对我国当前及未来的城市建设历史性大转型不失为一种有价值的借鉴对象，能为下一步的精细化、高质量国土空间发展提供启发性的参考。

本书的翻译，由汪劲柏进行初翻、统稿和审核，崔倬荣进行了初翻整理，穆艳霞进行了第1～5章修改，吴越凡进行了第6～10章修改，王治元、郭家柯等参与了统稿和核查工作。本书成稿过程中，还有很多同仁提供了帮助，在此一并表示感谢。

同时，感谢建工出版社孙书妍及其他编辑的工作，感谢作者拉森的支持。

目录

致谢

尽管本书的关注点看似十分独立分散，但这是我在城市规划领域长期而广泛研究之旅的集合。从这个角度上说，即使我试图感谢在完成本书过程中每位有所贡献的人，但事实上这是徒劳的。然而，我必须坦诚地感谢几位极其重要人物的宝贵贡献。首先，我真诚地感谢尼尔·史密斯（Neil Smith），他对我世界观的深刻影响远远超出了本书的内容。从我刚毕业时的一些早期论文到本书最终成稿，他一直影响着我。我很自豪，也很谦虚地认为，如果没有他，这本书就不可能完成。我要永远感谢迈克尔·波特（Michael Porter），是他在沙万冈克山（Shawangunk Mountains）远足时首次提出简·雅各布斯（Jane Jacobs）的思想光环上出现了裂缝。我还要感谢卡里姆·拉比（Kareem Rabie），早年，在参加波士顿美国地理学家协会（Association of American Geographers）年会后开车回纽约的路上，他的热情和鼓励坚定了我的决心。同样，我也要衷心感谢约书亚·摩西［Joshua Moses，与罗伯特·摩西（Robert Moses）没有关系］、泰德·鲍尔斯（Ted Powers），尤其是帕德米尼·比斯瓦斯（Padmini Biswas），在我感到惶恐、空虚、言语表达困难、思维停滞不前时，感谢你们的同情和友情。

我还要衷心感谢我在“地方、文化和政治中心”的同事和研讨会参与者，他们在2009年至2010年关键的9个月里创造了这样一个令人兴奋的参与空间。如果我不感谢大卫·哈维（David Harvey）、迈克尔·索金（Michael Sorkin），尤其是辛迪·卡茨（Cindi Katz），那将是非常不负责任的。他们的智慧印记不可磨灭地嵌入了这本书中：大卫开辟了一条我们这些有类似倾向的人希望能追随的道路，迈克尔开拓了新的视野，辛迪让这一切变得更有意义和充满趣味，她早期的鼓动赋予了这项工作生命力。

同时，我非常感谢一位匿名的读者，他敏锐的洞察力和宝贵的建议帮助塑造和提升了本书的最终质量。我希望能当面感谢这位审稿人。当然，没有人比拉里·班尼特（Larry Bennett）更值得称赞了。在整个编辑过程中，他耐心、冷静、明确、严谨，为书中许多细节的完善倾注了大量心血，这也是每个作家所需要的。同样，我永远感激米克·古辛德-达菲（Mick Gusinde-Duffy），因为他在我最早的手稿中发现了潜在的价值。

感谢我的父母肯（Ken）和贝蒂（Betty）。如果没有他们的无条件支持和非凡的理解能力，我很久以前就可能会不思进取。我想对我的爱人、挚友和评论家杰米（Jamie）表达无尽的感激和爱意。这本书萌芽于我们在河滨大道的跑步过程中，同时也是我们共同的使命——改善我们的世界，创造更多的美好。本书是我们共同的成就。最后，我想将本书和书中所有有价值的想法献给安妮卡（Annika），愿你永远为你的乌托邦而奋斗。

第 1 章

雅各布斯和摩西

为城市的灵魂而战

2006年10月，在纽约城市大学哥谭纽约城市史研究中心（Gotham Center for New York City History）举办了一个公共论坛。邀请与会的历史学家、建筑师、规划师、社区活动家、开发商和政务官共同开展了一次热情洋溢的交流，就两种主宰现代纽约城市建设的方法展开讨论——一种来自简·雅各布斯，一位具有传奇色彩的城市规划学者和作家，其所著的《美国大城市的死与生》（*The Death and Life of Great American Cities*）[1]一书，如今已成为挑战传统规划理论的经典；另一种来自她长期的对手罗伯特·摩西，20世纪中叶的城市建筑大师。[2]活动的宣传海报将两人画成了当代版《龙虎双侠》（*Gunfight At The O. K. Corral*）[①]的姿势，活动主持人、哥谭中心主任迈克·华莱士（Mike Wallace）表示，这象征着摩西和雅各布斯在城市更新领域内的重要地位：

> 雅各布斯和摩西似乎已经成为偶像般的人物，成为当代城市建设理念大辩论的参与者们寻求盟友的黄金标准。在某种程度上，这可能归因于他们在20世纪60年代的碰撞相当激烈。确实，雅各布斯和摩西引导和塑造了远比他们自身强大得多的两股力量，但同时也是他们两个独特而强大的人格间的战斗。据我所知，他们真的很讨厌对方，也不喜欢对方的主张。（Wallace，2006）

① 美国影片名。本书脚注均为译者注。

尽管华莱士和许多与会专家把雅各布斯和摩西两人的关系描述为肉身相搏的战士、对峙的枪手和意识形态的对立者——就像城市规划学光谱上的两个极端，然而，当晚一位特邀演讲者提出了一个截然不同的观点。纽约市专家组代表、纽约市迈克尔·布隆伯格（Michael Bloomberg）政府的城市规划主任、城市规划委员会（City Planning Commission）主席阿曼达·波顿（Amanda Burden）提出，是时候把目光从雅各布斯和摩西的分歧上移开，不妨看看能否找到让他们的思想合作的方法。波顿认为，虽然雅各布斯已经在规划师、城市学者和民选官员中赢得了更大的影响力，但毫无疑问的是，关于这两位“偶像”不同意识形态的争论仍将继续。不过她补充说，考虑到纽约城的未来发展，纽约需要建造更多的住房、创造更多的就业机会以及建设更多的基础设施，此时摩西身上的那种领导力、创造力和驱动力会变得相当重要（Burden，2006a）。

当时，纽约市政府正试图推动其雄心勃勃的改建计划，无论从范围或是规模上讲，这都是一次典型的摩西式改建、一次纽约城的大翻新。改建计划包含了一系列为赢得2012年夏季奥运会举办权而筹备的改造项目和一项斥资44亿美元的布鲁克林大西洋广场（Brooklyn's Atlantic Yards）改造计划——将一座露天铁路站场改造成混合社区，包含豪华公寓、可负担住房、办公楼，以及由著名建筑师弗兰克·盖里（Frank Gehry）设计的耗资10亿美元的一座篮球场馆。这是一个雄心勃勃的议程，其目的是在纽约现有的5个区重新规划居住区，以及不断扩展和发展曼哈顿中城远西区（midtown Manhattan's Far West Side），将其改造为城市中“最新的中央商务区”（Pinsky，2008）。到2009年夏天，超过94个重新规划项目已经获得了市议会的批准，覆盖8000个城市街区，另外还有15个项目正在审批中。在政府的议程中，比较重要的项目有：发展“东河科技园”（East River Science Park），将其作为纽约向生物技术中心发展的“旗舰”项目（Pinsky，2008）；将皇后区（Queens）的威利茨角片区（Willets Point）从“有毒的废弃地”改造为“绿色可再生的社区”；重新规划布鲁克林75英亩（1英亩约为4047平方米）的科尼岛（Coney Island），以及重新规划和重建布朗克斯（Bronx）东河沿线亨茨角片区（Hunts Point）（Pinsky，2008）。这一系列核心项目的背后——包括大西洋广场、威利茨角和西哈莱姆（West Harlem）哥伦比亚大学（Columbia University）的扩建计划——是为城市再开发扫清障碍的“土地征用权”的“幽灵”的觉醒。

“大城市需要大项目”，波顿继续说道：

> 大项目是雅各布斯和摩西所追求的城市多样性、竞争和增长的必要组成部分。多亏了市长的大力支持，我们才得以像摩西一样，在前所未有的规模上重新规划建设，同时我们也要将简·雅各布斯铭记于心，正如她在街头激情昂扬地向生活在这座伟大城市的人们宣扬的信念：过程很重要，伟大的建设要通过对细节的关注来实现。（Burden，2006a）

对简·雅各布斯的大多数读者和罗伯特·摩西的崇拜者来说，波顿的建议是有可能并值得尝试的，“像摩西那样建设，心中装着雅各布斯”，这是完全行得通的。尽管波顿强调了他们的思想遗产在如今城市规划和建成环境演变的广泛辩论中扮演了重要角色，但这无疑使得许多曾被坚信的假设受到质疑，因为近50年来，这组对手被视为根本对立、完全不相容的。波顿的建议也充分说明，这些思想遗产中有争议的特性是可以阅读、铭记和理解的。然而，或许在另一个更根本的层面上，波顿对这两个人的援引为我们了解布隆伯格政府推进其重建议程的理论方法、意识形态和政治环境提供了一个窗口。

本书致力于推动扩大这个窗口，目的是利用不断持续的“摩西–雅各布斯”辩论作为一种手段来检验和理解纽约市政府的再开发战略和行动，从而评议当代纽约城市规划。本书试图探索以下问题：随着时间的推移和城市空间的演变，罗伯特·摩西和简·雅各布斯的思想遗产是如何被重新诠释的？通常决策者会以自主选择的方式反映自身更大的社会经济目标和议程，那么，这些思想遗产是怎样用来为特定的重建战略服务的？最后，当布隆伯格政府宣称要“如摩西般建设，心中装着雅各布斯”时，他们到底是什么意思？

故事要从雅各布斯和摩西两个人说起。

传奇色彩的宿敌

尽管哥谭中心的活动宣传非常夸张，但实际上雅各布斯和摩西面对面的接触相当少。摩西的许多重大工程早在雅各布斯登上历史舞台之前就已经完成了——

当然，横穿曼哈顿下城的高速公路，以及改造华盛顿广场（Washington Square）以便为第五大道的扩建工程让路的提议是比较著名的例外。实际上，尽管雅各布斯始终在强烈抨击摩西式的建设方式，特别是对摩西式改造中的独裁性设计深恶痛绝，这也是其《美国大城市的死与生》一书的重要观点。然而，她在书中直接提及摩西的名字只有7处，反而更多是笼统地批判摩西所代表的思想和方法。[3]

至于摩西，他甚至没有公开承认过雅各布斯。他更多是把她归类到一群杂乱无章、庸碌无为的怀疑论者、一无所知者、满腹牢骚者中（Caro，1975，p1097）。他认为这群人阻碍了城市进步的道路，根本不值得单独拿出来嘲笑（Moses，1944，p16）。事实上，群体嘲笑是摩西最喜欢的武器，多年来，他娴熟地用这个武器将反对意见降到最低和边缘化。华莱士举了一个极具代表性的例子，为哥谭中心论坛的激烈气氛火上浇油：当反对者试图阻止摩西修建穿过华盛顿广场的公路计划时，他怒吼道："没有人反对这个计划。没有人！没有人，除了一群……母亲！"在这个事件中，即使雅各布斯（两个儿子和一个女儿的母亲）显然是他嘲弄的对象，摩西也没有明确提到她。在另一个例子中，摩西曾将一封言辞极尽刻薄的信寄给《美国大城市的死与生》一书的出版商，信中将该书描述为"诽谤性垃圾"。即便如此，摩西也只是用"那本书"指代，没有提及书名和任何有关其作者的内容。[4]

当然，这并不是说他们不鄙视对方。相反，这恰恰说明了，看似两个强大的人格间关于如何最好地规划和建设城市的辩论对决，实则反映出双方背后的更多内涵。雅各布斯是一个思想家、一个有感召力的作家。尽管肯定对于摩西式建造的终结欢喜不已，但她的首要目标并非打倒摩西。她的目标是阻止他的项目——包括横穿曼哈顿下城的高速公路和穿过华盛顿广场公园（Washington Square Park）的大道，并呼吁以一种不同的方式思考、规划和管理城市。[5]而摩西则是一个实干家，他所做的项目就是他的"书"，他似乎对雅各布斯或大多数人都没什么兴趣，他的首要任务就是把东西造出来。

因此，雅各布斯和摩西的思想在逻辑论证中彻底对立的现状很大程度上是后来人演绎出来的。因为在这场关于城市建设远大理想的大辩论中，他们两个强大人格不仅参与其中，而且已经被视为传奇色彩的象征，还成为一些借题发挥之人的傀儡。随着时间的推移，两人已经逐渐成为各种原则性的、宽泛定义的、简单二元对立的海报素材——善与恶，发展与保护，人民与国家，多样性、密集性与混乱和过度拥挤，城市崛起与城市衰落。

同时，由于摩西和雅各布斯关于城市建设的诸多观点得到了广泛的认可，尽管这些观点永远与纽约城相关并且永远相互对立，但他们的思想遗产仍然推动着城市理论的发展，双方对立的焦点在城市形态的时空转换中不断重构与重塑。在某种意义上，华莱士一语中的：他们的思想遗产以一种非凡而持久的方式参与了城市进程的塑造。

不过，波顿的演讲所代表的布隆伯格政府对摩西和雅各布斯的看法表明，我们在任何特定时间点对这些关键人物及其思想的看法，似乎从根本上受到我们所处的特定时代下对城市印象的影响。毕竟，城市思想家和规划者的“创造”从字面意义和象征意义上看都建立在过往经验的基础上，即从过往时代继承建成环境和相应的问题，以及思考潜在解决方案的框架和条件。雅各布斯在她经常被引用的《美国大城市的死与生》的导言中明确阐述了这一点。在长达9页的篇幅中，她通过列举过去的经典理论范式追溯和评论规划理论的演变——从丹尼尔·伯纳姆（Daniel Burnham）的“城市美化运动”（City Beautiful）到埃比尼泽·霍华德（Ebenezer Howard）的“田园城市”（Garden Cities），再到勒·柯布西耶（Le Corbusier）的乌托邦式“光辉城市”（Radiant Cities）——再到她那个时代的规划设计正统理论的规范化。在此基础上，她发起了“对当前城市规划和重建理论的抨击”（Jacobs，1992，p1）。

摩西和现代主义

雅各布斯对摩西批判的核心是，他将联邦项目和资源整合起来，作为其更广义上的现代主义项目的一部分，愿景是在第二次世界大战后创造一个新的、更高效的和前瞻性的社会。在战争前夕，纽约和几乎所有的美国城市一样，严重依赖工业；作为美国最大的工业中心，纽约近40%的劳动力仍在从事制造业。尽管早在20世纪20年代，一些像纽约及其周边地区规划委员会（Committee on a Regional Plan of New York and Its Environs）[6]的组织就开始提出未来工业应当搬离市中心。在第二次世界大战后的几年里，战争带来的重大社会经济变化促进了市中心工厂的清离，为即将到来的后工业时代腾出城市空间。

与此同时，破旧的房屋、巨大的贫民区和缓缓蔓延的衰败勾勒出了内城在公众心中的形象。1943年，美国总统富兰克林·罗斯福（Franklin Roosevelt）主政时期，国家资源委员会（National Resources Board）成员之一的查尔斯·梅里亚姆（Charles Merriam）发表了题为“没有小规划”（Make No Small Plans）的报告。该报告指出，美国“即将开启城市发展的新时代”，未来的计划和政策将聚焦于追求更广泛和近乌托邦式“更健全的城市生活”（Merriam，引自Gelfand，1975，p105）。由此产生的现代主义时代植根于自由改革派传统，但会受制于市场力量和私有财产权。它不仅致力于解决诸如贫民窟和城市衰败等“城市病”，还致力于对城市建成环境进行大规模改造，使城市迈向更加和谐的未来。正如哥伦比亚大学规划学教授罗伯特·博勒加德（Robert Beauregard）所言，“随着资本主义被驯服，城市被组织起来，繁荣在社会和空间上扩散，底层阶层将变得富裕起来，并继承中产阶层的价值观和行为”（Beauregard，1989，p387）。虽然摩西对他所见的自由主义倾向的现代企业固有的社会工程属性感到忧虑，但还是欣然接受了由此激发的新兴后工业城市的雄伟蓝图，当然还有随之而来的巨大的资源和权力。摩西迫切地策划着接下来的行动，即为了公共利益需要建造什么样的城市。

在这样的环境下，许多联邦项目［如城市更新和“第I条”（Title I）项目］致力于应对当时正威胁着美国内城的快速郊区化和分散化。实际上，“第I条”项目假定，破旧社区的物理属性是导致许多城市中心地区衰败和社会弊病的罪魁祸首。不合标准的住房、不兼容的土地使用、过度拥挤、娱乐设施匮乏，以及难以迎合汽车时代需求的交通基础设施，都造成了贫民窟的产生和延续。因此，“第I条”提出了一个简单的解决方案：改善建成环境，生活质量就能随之提高了。

一方面，这些联邦计划是为了消除贫民窟而设计的；另一方面，摩西也将其视为迫使城市进入后工业化的未来的一种手段。他的项目不仅把破败的街区夷为平地，还把制造业区夷为平地。他在这些地方建造了大量的公共住房项目、教育机构以及政府中心，目的是重振面临城市危机的纽约中心城区。但是，正如把积极推行“第I条”项目作为中心城区复兴的手段一样，他也毫不动摇地制定了修建新高速公路的计划，在他看来，这样能够将中心城区与不断发展的郊区连接起来，从而进一步强化中心城区。然而，摩西这种通过破坏现有城市社区，修建穿过人口稠密中心城区高速公路的做法最终引起了大规模抗议，致使这类项目数量受到限制。跨布朗克斯高速公路（Cross-Bronx Expressway）就是一个著名的例子，尽管它发生在郊区高速公路和州际高速公路系统都在扩张的时候。令摩西意想不到的结果是，他对城市机动化的努力竟然促使人口和企业从城市中心流出，这与他复兴城市中心区的初衷背道而驰。正如马歇尔·伯曼（Marshall Berman）在其对城市现代性的开创性批判著作《一切坚固的东西都烟消云散了》（*All That Is Solid Melts into Air*）中所写的那样，“现代性的发展使现代城市本身变得老旧、过时……从辩证性的宿命论来看，正是因为城市和高速公路没有走到一起，所以城市必须走出去”（Berman，1982，p307）。

“这个城市的问题”

显然，雅各布斯会盯上摩西现代主义中的那些破坏性工程，作为回应，她构建了其个人对于城市成功影响因素的解释理论，并促使马克思主义文化理论家弗雷德里克·詹姆逊（Fredric Jameson）断言，现代主义自简·雅各布斯的《美国大城市的死与生》第一版出版那一天开始就走向末路了（Jameson，1996，p32）。然而，尽管经常被描绘成一个革命者、激进的思想者和反规划者，雅各布斯对规划的批判脱胎于一个清晰的历史谱系，一系列杰出的早期城市规划学者影响了她的思想。其中对她影响最大的思想是早期城市规划中的生态传统，以卡米洛·西特（Camillo Sitte）为代表，这位19世纪的维也纳作家和批评家对中世纪城市有机交错的复杂性形式推崇备至，总结形成了对当时规划技术的批评；18世纪英国著名作家和理论家罗伯特·莫里斯（Robert Morris），认为建筑师的首要关切应该是设计和自然之间的相互作用。与西特一样，莫里斯同样推崇古老的建筑形式，并对有机城市（尽管不一定是无规划的）和那些通过网格严格划分用途而构建起来的城市进行了区分。

尤其是西特，他是雅各布斯的理论先导。西特的书创作于19世纪，在当时，土地划分最看重的是提高畅销度，他认为，仅凭纯市场化的机械调控无法带来“好的”城市设计和艺术原则。相反，他认为，注重空间关系和尺度的有限形式的规划可以带来更宜居的城市。他倡导欧洲中世纪城镇弯曲的、不规则的建筑布局，将各式建筑并置于一起形成视觉特色，并运用美学法则和历史经验创造城市的人本尺度。[7]

当然，这些观点可以在雅各布斯对良好城市形态的概念化论述中找到印证。在《美国大城市的死与生》的导言中，雅各布斯写到了“根本性的秩序”和城市组织的复杂性，她认为如果只是通过一两个孤立变量简单地理解这些概念，例如房屋或运输，就会像以前的规划实践所证明的那样带来失败（Jacobs，1992，p15）。相反，雅各布斯主张将城市视为一种过程，这种过程独特且相互关联，但又是自然的、可观察的。雅各布斯认为：“人类的城市是自然的，是一种自然形式的产物，就像草原犬鼠的聚居地或牡蛎的温床一样”（Jacobs，1992，p444）。通过密切观察，她给出了设计宜居城市的原则——混合用途、多样性、小街区。随着时间的推移，这些原则将成为成体系的规划和设计原则，带来大多数城市设计领域的最佳实践案例。

然而，生态主义和现代主义城市理念之间的紧张关系，推动了雅各布斯和摩西之间的分歧不断拉大。早在摩西痛斥雅各布斯对他城市愿景抨击的数十年前，勒·柯布西耶就提出了“光辉城市”和“公园中的高楼”（towers-in-the-park）理论，从某种程度上说，这启发了摩西的超大街区的开发。柯布西耶还曾嘲笑西特有关中世纪城市设计的理论，说这些理论不仅是“基于过去”，“实际上早就过时了……多愁善感的过去……建立在一个琐碎细小的尺度中”，“一个老顽固的犯迷糊”罢了（Le Corbusier，引自Lilley，1999，p435；原文强调）。这样的争论很快为后来几代城市学家提供了“好”和“坏”城市形态的概念，在如何最好地规划和建设城市的思想争论中充当了有用的工具。历史地理学家基思·利莱（Keith Lilley）认为，“自此城市规划界形成了一种复杂的局面，一些城市规划学者的观点很容易被他们的同辈们歪曲或误解，不管是有意的还是无意的。其中大部分反映在摩西和雅各布斯两派人之间持续的大论战中”（Lilley，1999，p428）。

这种二元对立关系的存在，带来因果关系的不断推拉，也持续激发着人们对摩西和雅各布斯思想的周期性回顾和重新评价：1988年霍夫斯特拉大学（Hofstra University）举行了纪念摩西诞辰一百周年的研讨会；1997年多伦多举行了另一场名为“至关重要的想法”的活动，重新激起了公众对雅各布斯的兴趣；然后，当然，他们的去世——摩西在1981年，雅各布斯在他之后四分之一世纪——也引发了对他们在城市形态方面深远影响的进一步反思。且不断有文章或观点见诸报刊等媒体，通常是由规划和开发方面的大事件或新想法引起的，带来了更多轮的对这两个人的人物形象和历史作用的再思考。

最近，布隆伯格政府正雄心勃勃地计划重建纽约市，展开了一大波重建活动，随之产生了大量有关雅各布斯和摩西的讨论，重新激起了人们对这对宿敌和他们持续影响力的兴趣。2007年年初，两位哥伦比亚大学历史学家——希拉里·巴隆（Hilary Ballon）和肯尼斯·杰克逊（Kenneth Jackson）开展了意在修正摩西人物形象的系列活动，包括一场由三个部分组成的展览，名为“罗伯特·摩西与现代城市”（*Robert Moses and the Modern City*），随之还出版了同名文集，副标题是“纽约的转型”（*The Transformation of New York*）。同年9月，雅各布斯的支持者们不甘示弱，在纽约城市艺术协会（Municipal Art Society of New York）举办了为期三个月的名为“简·雅各布斯与纽约的未来”（*Jane Jacobs and the Future of New York*）的展览，为雅各布斯思想遗产的发扬注入了新的活力。

不久，一大批著述试图通过新的方法来完善雅各布斯和摩西的主张，在某些时候，甚至可以说是一种重新解释。在2009年的夏天，《美国大城市的死与生》的出版社兰登书屋出版了安东尼·弗林特（Anthony Flint）的《与摩西搏斗：简·雅各布斯是怎样成为纽约建筑大师并改变美国城市的》（*Wrestling with Moses: How Jane Jacobs Took On New York's Master Builder and Transformed the American City*）。作为一名来自林肯土地政策研究所（Lincoln Institute of Land Policy）的作家兼记者，弗林特讲述了“雅各布斯和摩西间史诗般的较量”、一场激动人心的“为了城市灵魂斗争的现代版大卫和歌利亚之战”（Flint，2009，书的封底）。与之类似的是早前常常被忽视的雅各布斯传记《简·雅各布斯：城市梦想家》（*Jane Jacobs: Urban Visionary*），作者是记者爱丽丝·施帕恩贝格·亚历克赛（Alice Sparberg Alexiou），出版于雅各布斯去世的数周之内。弗林特的著作充满了民粹主义的语调，并对雅各布斯平生关于摩西规划的抗议作出了一系列评论。相比之下，罗伯特·卡罗（Robert Caro）于1975年出版的摩西传记《权力掮客：罗伯特·摩西和纽约的衰败》（*The Power Broker: Robert Moses and the Fall of New York*）存在着明显的信息缺失。同时，这也是对巴隆和杰克逊的摩西修正主义的某种反驳。

2010年年初，又有另一名记者慷慨激昂地为雅各布斯辩护，以此对巴隆和杰克逊为摩西的修正努力进行批判性回应。《哥谭之战：在罗伯特·摩西和简·雅各布斯的阴影下的纽约》（*The Battle for Gotham: New York in the Shadow of Robert Moses and Jane Jacobs*）的作者罗伯塔·布兰德斯·格拉茨（Roberta

Brandes Gratz）继承了雅各布斯的衣钵，成为小尺度空间活态化和自主社区重建的积极捍卫者。格拉茨将自己形容为雅各布斯的朋友和追随者，利用第一手资料论证摩西的失败，即联邦政府放弃了一些城市改造计划，而采用了“有机更新”理念，塑造了当今的纽约市，当然，这正是雅各布斯所倡导的理念（Gratz，2010a）。按照格拉茨（2010b）、亚历克赛（2006）和弗林特（2009）的说法，雅各布斯还是获胜了，摩西差点将纽约的生活气息剥离殆尽。

但，这就是这个故事的全部了吗？经过近50年的争论、几本传记外加数十项解释性研究，以及似乎持续不断地审视他们在城市规划光谱的两极对立的特殊地位，我们是否已经充分探究和明确了摩西和雅各布斯分歧的本质？这两人及其思想是否从根本上是不相容的？我们该如何看待布隆伯格政府将两者结合在一起的努力？

当然，雅各布斯和摩西之间确实存在许多非常重要的不同之处，更不用提他们之间长期存在的激烈争论了。如果我们从城市更新、城市街区的大小和形状、财政支出方式等方面来考虑，这些差异似乎确实强有力地说明了他们在让城市变得更美好的方法上的不相容性。“大政府”时代使“摩西时刻”成为可能，第二次世界大战后，城市和其中的中产阶层受到社会经济动荡变化的威胁，他热情地成为公私合作模式重建的早期拥护者。他建造的高速公路、桥梁、文化和公民机构、住宅开发项目、海滩和公园不仅改变了纽约市，而且彻底改变了20世纪中叶美国城市空间的规划方式。与此同时，雅各布斯开始攻击摩西和政府的开支。随着国家从激进推行城市重建和20世纪70年代早期的财政危机等现代主义项目的失败中退出，她对街头民主和个人主义的赞颂，体现出了明显而标准的中产阶层价值观，逐渐主导了规划思想。

然而，从一个更广泛、更关键的框架来看，我们可以认为，这两位人物都支持一种明显基于阶层的城市重建策略，这正是他们在当代纽约市重建政治中的共同点。波顿的描述表明，在构想纽约的城市未来时，布隆伯格政府同时采纳了雅各布斯和摩西的思想，如实地采用其中一位基本思想的某些方面，并重新解读另一位的观点，以适应政府在21世纪对成功城市的看法。在这个意义上，表面上摩西的现代主义似乎和雅各布斯的地方主义形成鲜明对比，但在布隆伯格政府雄心勃勃的发展计划中，他们一致呼吁为资本积累以及城市的建设和重建提供空间保障，甚至是以牺牲弱势阶层的权利为代价。

这不仅可以从摩西和雅各布斯的思想在某些情况下被采纳、解释的方式中看出，而且可以通过他们的准则与城市士绅化进程间的直接关系中看出。摩西的方法是清除贫民窟和衰败地区、隔离公共住房，以及发展林肯中心（Lincoln Center）和联合国大厦（United Nations）等公民机构。雅各布斯的计划则以修复为导向，主张逐栋房子、逐个街区地进行社区修复。在经济重组的战后城市主义背景下，布隆伯格政府有选择地结合了这两种主张，与此同时，以房地产为基础的经济发展被吹捧为城市复兴的关键。

接下来我们将探索这是如何实现的，以及最终的细节是什么样子的。

为了充分理解雅各布斯和摩西的思想遗产是如何随着时间推移为城市形态和城市再开发方向的争论作出贡献的，本书考察了他们的思想在城市规划历史的特定时刻被重拾起来的方式。其中最主要的是围绕城市设计的持续争论，包括新城市主义的出现和相关重大项目的开发；纽约市基础设施规划的总体发展，特别是其区划法规的演变，以及1996年区域规划协会（Regional Plan Association）发布的第三次区域规划（Third Regional Plan）《风险地区》（*A Region at Risk*）。这些内容都在本书的结构中扮演着重要的角色，启发甚至构建了部分章节的讨论。

第2章"'守护神'和'搞定人'"，通过探索摩西和雅各布斯的思想如何随着时间推移而演变，描绘出他们思想遗产的进化轨迹。该章重点关注的是，这些思想遗产是如何被解读和重新诠释的，又是如何服务于特定规划意识形态的，以及它们在当代纽约城市开发政策辩论中的出现情况。该章的最后强调了摩西和雅各布斯及其遗产的争论越来越多地依赖于相互冲突的、经常是相互竞争的解释，这使得它们被规划开发领域的主流力量所吸收。

最近，学术界中的修正主义成为摩西和布隆伯格政府之间或积极或消极对比的基础，意在复兴城市大建设主义。第3章"布隆伯格实践"详细介绍了四个大型项目，这些项目在21世纪头10年的大部分时间里有助于定义纽约市的再开发：（1）为了申办纽约2012年夏季奥运会举办权而重建曼哈顿远西区；（2）重建曼哈顿哈得孙（Hudson）铁路站场和布鲁克林大西洋铁路站场这两个雄心勃勃且充满争议的计划；（3）尽管遭到当地社区的强烈反对，哥伦比亚大学还是通过吞并曼哈顿维尔（Manhattanville）哈莱姆区17英亩的土地扩大开发。该章同时介绍了政府综合雅各布斯和摩西的思想，以赢得特定项目批准、促进城市整体发展进程的策略。

第4章"呼唤一个新的摩西"，转向了更仔细的研究，关注布隆伯格政府通过吸收大量雅各布斯的观点，使重建议程中类似摩西的部分在政治上得到认可，并赢得公众支持。作为对上述讨论的背景分析，这一章简要介绍了纽约市规划和发展的崩溃史，部分原因是雅各布斯对摩西式自上而下的大型规划和项目的激进反对。

第5章“规划和对威胁的叙述”，进一步探讨了规划中游说的力量，并引入了纽约城市规划历史上一个反复出现的主题：对威胁的叙述。这是通过仔细考察区域规划协会颇具影响力的报告《风险地区：纽约—新泽西—康涅狄格大都会区的第三次区域规划》（*A Region at Risk: The Third Regional Plan for the New York-New Jersey-Connecticut Metropolitan Area*）实现的。本章还探讨了雅各布斯和摩西对这份报告的影响。《风险地区》成为新兴的新自由主义形式的城市主义以及布隆伯格政府重建议程的一个重要模型。

不过，政府对雅各布斯和摩西的结合不仅只是停留在口头上。第6章“开发驱动器”，阐述了行政部门在其重建战略中选择性地纳入两方面的内容，最突出的例子是对纽约市进行积极的重新区划。雅各布斯和摩西的思想遗产再一次成为城市规划工具，在区划演变中发挥关键作用。该章首先叙述了这段历史，进而详细分析了布隆伯格政府的重新区划战略。该政府将区划作为沿着阶层路线重塑城市的主要工具，使土地使用决策在推动“待开发”社区发展方面发挥重要作用，即便它同时也提高了其他社区里上层阶层的生活质量。

第7章“思想融合”，对布隆伯格政府所谓的“如摩西般建造，心中装着雅各布斯”进行批判性分析。通过对雅各布斯的基本概念的仔细解读，以及对摩西作为现代城市主义大师的记录的重新叙述，证明了布隆伯格政府对这两个人物及其思想的综合是一种选择性的使用，加剧了士绅化趋势。

第8章“思想传播”，转向了雅各布斯和摩西的思想在纽约之外的推广，通过阐述政策流动性和最佳实践产生的过程，分析了其遗产中的辩证思想是如何传播的。在雅各布斯的案例中，这一点最直接地体现在加拿大多伦多的规划中，她人生的最后40年在这座城市生活和工作。在反对摩西式高速公路和住房项目的背景下，雅各布斯的思想一再被用来为房地产导向的开发辩护，在这个过程中催生了士绅化。不同于雅各布斯的遗产中“激进主义和理想化”的特点，摩西的印记是有形的：在纽约和俄勒冈州（Oregon）波特兰（Portland），在这些二战末期他受邀规划的后工业城市的公园、公路和基础设施中，都能看到他的身影。当然，有了雅各布斯的“凯旋”，摩西的思想被放逐了。直到布隆伯格的纽约复兴计划，他的思想遗产才再次被人们以积极的眼光看待，他执行大型项目的能力也成为美国各地围绕发展项目的讨论中反复出现的元素。

第9章“作为公共关怀的设计”，详细阐述了设计（或被批评家嘲讽为对事物外观的执着）是如何在布隆伯格政府对雅各布斯和摩西的理想提炼中成为一个重要概念的。该章分析了在纽约政府城市规划主任阿曼达·波顿的指导下，设计如何成为提高房地产价值和鼓励开发的有力手段，从而反映出一种更广泛的以阶层为基础的规划思想。政府将设计看作一种公共关怀，并不断宣扬公园、广场、街景、建筑的变革潜力，为“理想”城市而规划建造，其背后则是为了使更大的重建计划中固有的基于阶层的价值观正统化和规范化。

最后，第10章“雅各布斯的思想与摩西式的建造”，对布隆伯格政府在全球资本主义危机反复出现的背景下综合雅各布斯和摩西思想的城市再开发方式提出了质疑。始于2008年的金融危机提供了一个宝贵的机会，用来检验房地产驱动再开发的谬误和局限性，并探索摩西和雅各布斯的遗产与这些过程的关系。最终，这两者都没有给出一个有意义的模型来解决一系列顽固问题——贫困、缺乏可负担住房，以及阶层和种族隔离——这些问题一直困扰着今天的城市。在布隆伯格政府创造的再开发叙述中，“如摩西般建设，心中装着雅各布斯”成为一种机制，有意和人为地将关于城市主义的辩论限制在一个狭窄的范围内，盲目地接受和促进了当代城市化中资本积累的逻辑。

罗伯特·卡罗、希拉里·巴隆、肯尼斯·杰克逊、安东尼·弗林特、罗伯塔·布兰德斯·格拉兹、布隆伯格政府和其他人，都在不同程度上围绕雅各布斯和摩西组织概念和思想，本书也是其中一种尝试。这不是被动的，相反，本书的目标聚焦于罗伯特·摩西和简·雅各布斯思想遗产的局限性与正在进行的城市形态大讨论的关系，同时仔细审查纽约市布隆伯格政府的重建议程。

第2章

“守护神”和“搞定人”

简·雅各布斯于2006年4月25日去世，她被广泛视为城市活力的“守护神”、一个脾气暴躁却备受尊敬的活力街区和社区多样性的倡导者，她的观点“改变了我们对宜居城市的看法”（Dreier，2006，p227）。作为一名母亲、家庭主妇、业余作家和社会活动家，她在城市理论或城市设计上没有经过任何正式的培训，却在1961年写出《美国大城市的死与生》一书，该书开创性地批判了20世纪中叶的正统城市规划观念。[1]在这本书中，她挑战了自上而下的规划方法，并猛烈抨击了当时被广泛认可的一种观点，即解决城市拥挤、基础设施老化不足问题的最佳方法是大规模地推倒重建。她嘲笑很多由联邦政府出资的大型项目，如贫民窟清拆、公共住房建设和高速公路修建，都是所谓的“专家”的产物，这些人对城市的实际运行方式一无所知。然后，她根据在自己所生活的纽约格林威治村（Greenwich Village）社区中的个人观察给出了自己的解决方案。对雅各布斯来说，城市健康是一种过程。雅各布斯宣称，多样性是城市成功的命脉，她提出了四条培育多样性的建议：混合土地利用、建设小街区、混合不同年代和条件的建筑、保持人口密度。

虽然雅各布斯并不是唯一一个谴责当时盛行的城市重建的“推土机式建造”方法的人，也不是唯一一个阐述街区活力有益的人，但她生动而明晰的语言及对规划领域的革命性影响，使《美国大城市的死与生》成为城市著作的经典。相应的，雅各布斯也成为随后几代城市思想家和学生们的偶像。因此，她的去世激起了人们连绵不断的悼念和缅怀（如Bernstein，2006和Martin，2006）。在她去世后的数周之内，记者爱丽丝·施帕恩贝格·亚历克赛出版了《简·雅各布斯：城市梦想家》，这是一本光芒四射的传记。美国社会学协会的《城市与社区》（*City and Community*）杂志也专门拿出一期刊登纪念雅各布斯的言论和作品。赫伯特·甘斯（Herbert Gans）在这期纪念刊的导言中写道，"现在，悲伤和庆祝的讣告已经写好了，我们可以开始评估她对城市研究和城市政策的贡献了"（Gans，2006，p213）。在这场评估中，雅各布斯被形容为"欢快的城市混乱"的热烈支持者（Halle，2006，p237）；清除贫民窟、修建高速公路和城市过度开发的明确反对者；一位"鼓吹城市是经济繁荣的引擎"的革命性思想家（Dreier，2006，p228），并激励了一代活动家为他们的社区挺身而出。社会学家莎伦·祖金（Sharon Zukin）在她的文章中写道，"正如威廉·怀特（William Whyte）、C. 怀特·米尔斯（C. Wright Mills）、贝蒂·福莱顿（Betty Friedan）和当时其他一些挑战权威的作家，雅各布斯指控有权势的精英和大型组织强制执行有关城市设计的规定，并压制异议"（Zukin，2006，p233）。祖金回忆说，到20世纪80年代，雅各布斯关于城市设计和宜居城市构成要素的思想已经根深蒂固，她对社区组织的影响也非常广泛（2006）。

然而，在2006年，这一情况似乎受到了新一波巨型项目的冲击，这些项目试图再次大规模改造纽约市。布隆伯格政府认为，纽约正处于为保持其全球金融中心的地位而进行的"竞争性斗争"中，同时，人口预测表明，到2030年，纽约人口将再增长100万。市政府现已启动了大规模的城市改造计划，这让人不禁回想起曾经那个由雅各布斯的宿敌、纽约城的"建造大师"罗伯特·摩西所带来的城市大建设时代。

虽然从未当选过公职，摩西自1934年至1968年主导了纽约城市再开发，曾一度同时担任12座城市和州的管理职位，包括城市公园长官、三区大桥及隧道局（Triborough Bridge and Tunnel Authority）施工总指挥、市长贫民窟清拆委员会（Mayor's Committee on Slum Clearance）负责人等。利用这些职位，他在几乎没有监管的情况下创造和控制了数个拥有数百万美元财政收入的公共部门。他还特别擅长利用联邦资金，在其职业生涯中，他利用手中掌握的大量资源，重建道路、桥梁、隧道、公园、商业和文化中心、住房和城市更新项目，取代了纽约20世纪以前的基础设施。[2]由此开创了城市再开发时代，创造了崭新的城市景观，他也成为纽约市再开发历史上的一个传奇人物，同时也成为雅各布斯所鄙视的传统城市规划代言人。

布隆伯格政府提出的长期再开发计划规模较大，很大程度上类似摩西的风格，很快就引起了人们对两者的比较。该计划包含了新建大量的公园、公共空间、数以千计的新型可负担住房和商品房以及全新的商业区和街区；绵延数英里的大部分滨水区域将被改造成住宅区和娱乐区；新的地标性办公大楼将在布鲁克林和曼哈顿拔地而起，其中许多都是由设计界的大师操刀设计的。

布隆伯格市长的计划勾勒出了一个积极重塑城市的新摩西形象，然而，与此同时，他的政府成员正忙于将雅各布斯引为该计划真正的指路明灯。在《哥谭公报》（*Gotham Gazette*）2006年11月的采访中，纽约城市规划主任、城市规划委员会主席阿曼达·波顿坚称，如今纽约市需要建造数千套可负担住房，"改造和振兴滨水区域"，为城市未来发展"奠定基础"，"如果不支持雅各布斯关于城市多样性、城市生活丰富细节的原则，以一种培养复杂性的方式来建造，就去应对这些挑战，是不可接受的，不明智的，甚至是不可能的"（Burden，2006b）。

纽约全市范围内的城市建设工程复兴，充满着摩西和雅各布斯两种似乎完全对立的城市形态的影子。巧合的是，这一工程开发又与雅各布斯的去世时间如此紧密地重合。这种局面或多或少促使了对纽约市过去规划实践的批判性评估。在随后一年内，旨在重新审视雅各布斯和摩西思想遗产的大型纪念展持续举行，即"罗伯特·摩西与现代城市"（由三个部分组成）和"简·雅各布斯与纽约的未来"。正如作家保罗·戈德伯格（Paul Goldberger）在《纽约客》（*New Yorker*）杂志上指出的那样，"去年春天，在简·雅各布斯的讣告和颂词中，她的宿敌摩西是20世纪中期城市设计领域邪恶天才的观点被广泛传播"（Goldberger，2007a）。

然而，有必要指出的是，雅各布斯和摩西间的争论以及对二人的持续评估，并非始于布隆伯格政府为重建议程准备的辞令。但随着时间的推移，人们以各种各样的，有时甚至是令人惊讶的方式解读他们的思想遗产。虽然这两者代表着城市思想光谱对立的两极，但从一系列论调中能够并且已经看出，他们的影响与城市政策及其制定者和解读者的关系日益复杂化。他们双方留下的思想遗产都远比那些千篇一律的解读要复杂得多。

在很大程度上，摩西的城市更新议程与20世纪起在多个领域重塑社会的更广泛的现代主义运动相一致——从视觉艺术到文学再到工程学和科学，这些都是大规模工业化的结果。从更广义上看，这个概念的根源可以追溯到19世纪，甚至到启蒙运动时期的观念：通过汇聚客观科学成果和积累人类知识建设更美好的生活。在此之前，文明一直被视作一个遵循着连续的、实际上已被注定的过程。但科学技术的进步带来了全新的时空概念，随着工业革命的爆发，基于机器的技术使人类能够显著重塑自然环境和自身的社会秩序。大规模生产促使企业和政府采用科学的管理方法和组织程序，强调理性、精确和效率。[3]

在城市规划领域，现代主义运动试图通过利用新技术、新材料、高耸入云的摩天大楼、梦幻般的桥梁和其他工程壮举解决城市衰败、贫困和过度拥挤问题，使混乱城市的合理化成为可能。从本质上讲，通过对空间进行技术掌控，现代城市可以像机器一样精确运行。然而，为了创造这一新世界，旧世界必须被彻底推翻，这个过程被政治经济学家约瑟夫·熊彼特（Joseph Schumpeter）认为是一种资本主义"创造性破坏"的强制性过程。当然，事实证明，摩西是这种理念狂热的、从不认错的实践者；在回应因修建跨布朗克斯高速公路而造成居民流离失所的批评时，他有一句著名的回答——"要做煎蛋卷，就得打破鸡蛋"（Caro，1975，p218）。

摩西对纽约市及其周边地区的改造程度非常显著。他的作品包括道路（从哈莱姆河大道和曼哈顿西侧高速公路到长达数英里的城市风景车道和各区的主要高速公路）、7座桥梁（将纽约5个区串连起来，打造以汽车为导向的大都市）、大量建筑物［共1082栋，包括14.8万套公共住房，以及斯图文森镇（Stuyvesant Town）、彼得·库珀村（Peter Cooper Village）、合作公寓城（Co-op City）等私人房产开发项目］、658座公园、10多个海滩以及一系列的文化、教育、政治机构［包括联合国大厦、林肯中心、谢伊体育场（Shea Stadium）①、长岛大学（Long Island University）、福特汉姆大学（Fordham University）和普瑞特研究所（Pratt Institute）］，这些项目帮助巩固了纽约作为世界文化和商业之都的地位。

虽然摩西没有把自己视为现代主义派，甚至有时对现代主义的核心概念和领导人物持很强的批判态度，但他的项目规模和对机器时代、功能效率的重视，直接将他划入了现代主义阵营。[4]不过，在实践层面，摩西表现出的更多的是机会主义，而不是意识形态上的党派倾向。他会遵循现代主义规划者和政客们所制定的规划，只要他们能给予稳定的资源。在任何时候，他都会努力让自己的城市建设

① 美国职业棒球大联盟纽约大都会队 1964—2008 年的主场，后迁至花旗球场。

符合州和联邦机构提供的资金和相关规定。

摩西拥有将他的愿景强加于纽约市的非凡能力，但即使在他的权力巅峰时期，摩西也远非不可战胜。例如，在20世纪30年代末，尽管摩西极力主张，联邦政府仍然否决了修建连接曼哈顿下城和布鲁克林的炮台公园大桥（Battery Park Bridge）的计划；1952年，他计划修建一条穿过华盛顿广场公园的高速公路，也因为当地居民的坚决反对而取消。后者也让摩西受到了城市学者刘易斯·芒福德（Lewis Mumford）的猛烈抨击，称这是“一种破坏城市公共财产的行为”（Mumford，1959）。更笼统地来说，芒福德坚决谴责摩西通过建造“公园中的高楼”、扩建高速公路和推进城市集中规划来实现他的城市现代化长远议程。[5]

芒福德并不是唯一一个批评摩西的人，其他规划和建筑界的知名人士也加入了进来，包括哥伦比亚大学规划学教授、住房问题专家查尔斯·艾布拉姆斯（Charles Abrams），他创立了纽约市住房管理局（New York City Housing Authority）；雷克斯福德·特格韦尔（Rexford Tugwell），他于1938年至1941年担任纽约市规划委员会主席。曾任《财富》（*Fortune*）杂志编辑的城市规划学家和社会学家威廉·怀特（William H. Whyte），谴责现代主义住宅陈腐冗余、缺乏人本尺度考量，认为无论是在斯图文森镇这样的中产阶层街区重建项目，还是在大片保障性公共住房中都有体现。[6]更有甚者，艾布拉姆斯明确表示：摩西和他自上而下的计划带来的城市机动化、标准化和大量拆迁，非但没有改善城市，反而在摧毁城市。[7]

尽管如此，在“罗伯特·摩西与现代城市”和“简·雅各布斯与纽约的未来”纪念展开展和随附文集《罗伯特·摩西与现代城市：纽约的转型》（*Robert Moses and the Modern City: The Transformation of New York*）出版之前，摩西的主流形象是由罗伯特·卡罗在1975年出版的普利策奖获奖传记《权力掮客：罗伯特·摩西和纽约的衰败》中精心刻画的。卡罗在书中写道，摩西是专横的、严苛的、贪婪的，在跨越了6位州长和5位市长的34年间，他“塑造了一座城市及其广阔的郊区，并影响了20世纪美国所有城市的命运”（Caro，1975，p5）。当然，卡罗所刻画的摩西在很大程度上具有两面性：一面是“美国最伟大的建设者”、“世界上最伟大城市的缔造者”（Caro，1975，p19）；另一面是渴求权力的现代城市传道者，他“为了建造他的高速公路……把人们赶出家园……这些人的数量比居住在奥尔巴尼（Albany）、查塔努加（Chattanooga）、斯波坎（Spokane）、塔科马

（Tacoma）、德卢斯（Duluth）、阿克伦（Akron）、巴吞鲁日（Baton Rouge）、莫比尔（Mobile）、纳什维尔（Nashville）或萨克拉门托（Sacramento）的人口还多”，“汽车充斥着城市”，公共交通匮乏，城市支出偏向创收服务项目，而牺牲了为穷人服务的项目（Caro，1975，pp19–20）。在很大程度上，正是由于这一令人印象深刻的描述，用《华盛顿邮报》（*Washington Post*）文化评论家菲利普·肯尼科特（Philip Kennicott）的话来说，在过去40年的大部分时间里，摩西一度成为“丑陋和残酷城市规划的代名词”（Kennicott，2007，NO.1）。

然而，“罗伯特·摩西与现代城市”展览和随附文集一起，试图从更广泛的角度重新审视摩西备受争议的思想遗产，正如博物馆宣传材料所说，“我们要回到他那个时代背景下看待城市问题”（Museum of the City of New York，2007）。

为罗伯特·摩西平反

实际上，由当时的哥伦比亚大学建筑历史学家希拉里·巴隆构思和策划的展览，以及由巴隆和她的同事、历史学教授肯尼斯·杰克逊编辑的随附文集，这些工作的目的远不止是让20世纪的摩西起死回生，而是旨在以一种有争议的方式让我们回忆过去，并思考其空间后果。展览展出了以前未公开的效果图、档案以及当时的照片和模型，所有一切看起来都那么美好。例如，在“重塑大都会”（*Remaking the Metropolis*）序列中，设计草图描绘了时髦、有风格的汽车在嵌入建筑内的未来主义高速公路上呼啸而过，而不受城市生产力的影响，反之亦然。在机动化时代变革力量的推动下，城市和市民正在无限的现代化场景中飞驰。航拍图像显示了叠加在城市景观上的新规划高速公路干线，抹去了现有建筑物、公园、街道以及沿途行人，这似乎是预料中必然的结果，但对另外一些人来说却是可怕的灾难（例如，Berman，1982）。当然，就这些展品本身来看，设计师对摩西梦想之城的看法遗漏了这些人——他们的家和生意会毁于这些异想天开的计划。

事实上，这个时代的破坏性后果似乎正是如此，摩西的现代主义项目不仅清除了城市中的破败街区，还抹去了伯曼所说的“前现代”（pre-modern）所积累的历史传统和情感（Berman，1982），巴隆和杰克逊的修正主义观点立论于一个类似于“创造性破坏”的表述：现在的特权以牺牲建筑的过去并抹去其间岁月痕迹为代价，摩西的作品有力地将一个崭新的、非常特殊的未来强加到纽约市的景观和纽约市民身上。卡罗主张将摩西分为“好摩西与坏摩西”（good Moses-bad Moses），重点聚焦于摩西现代主义规划对城市衰落作出的灾难性贡献，这导致了20世纪70年代的城市危机。巴隆和杰克逊对此反驳道，时间的流逝会导致视角的变化。

巴隆在纽约大学的城市规划硕士的校友会上说（Ballon，2008），卡罗写这篇文章的时候，“纽约市一片混乱”。但是，她补充道，尽管城市因受到郊区化的威胁而“处境堪忧”，但摩西利用他在20世纪30年代积聚的非凡力量，在接下来的30年里重塑了纽约市。巴隆断言，《罗伯特·摩西与现代城市》的出版和纪念展的举行是为了重拾修正主义观点——源于20年前为纪念摩西诞辰一百周年，由杰克逊及其同僚在霍夫斯特拉大学召开的主题为“罗伯特·摩西：固执的天才”（Robert Moses: Single-Minded Genius）研讨会。[8]该会议旨在应对由卡罗的《权力掮客》[①]所造成的“舆论失衡”问题，并将摩西行动时刻“历史化”（Ballon，2008）。

巴隆认为，卡罗错在将摩西的项目与美国城市自二战后至20世纪80年代中期的持续衰落建立了“因果关联”。她在接受《纽约时报》（*New York Times*）采访时解释说（Pogrebin，2007，p28），她的目的是回应那些在《权力掮客》中被遗漏或“未被充分展现”的摩西思想遗产的一些内容。从21世纪第一个10年有利的趋势来看，巴隆和杰克逊的观点表明，摩西的项目“已经融进了城市的结构”。他认识到一些城市问题，例如“脆弱的中产阶层”。他也采取了许多改善策略，包括“发挥艺术中心和大学作为重建引擎的潜力”。而这仍是当前开发项目的主要趋势，例如哥伦比亚大学提出在西哈莱姆新建一个研究校园（Ballon，2007，p94）。在认同摩西“误入歧途”（Ballon，2007，p94）和“严重滥用权力”（Ballon，2007，p95）的同时，巴隆认为摩西远不是一个无所不能的独裁者。相反，他是一个与时俱进的机警的机会主义者，他的项目总是“与国家政策保持一致”及“体现了公共政策”（Ballon，2008）。

与雅各布斯对社区的局部关注相反，巴隆认为，摩西“思考了城市与地区、国家和世界之间的关系”，并以他传奇的执着精神，逐步定义了“后工业时代纽

① 《权力掮客：罗伯特·摩西和纽约的衰败》一书的简称。

约的使命”（Ballon，2008）。与杰克逊在1988年首次提出的观点相呼应，巴隆和杰克逊认为：摩西推动了联邦政策——“通过规划来塑造市场进程”（Ballon，2007，p96），其最终目标是“推动大都市现代化并保持其强大”（Ballon and Jackson，2007a，p66）。

从这个意义上说，修正主义者对摩西的解读，正在努力从修正转向重拾：他们认为，摩西走在了时代的前面，他解读了战后资本主义演变的普遍趋势，甚至预测出如今城市官员和规划者所认为的城市健康的特定条件。从这个理由来说，无论曾犯过怎样的错误，摩西终究是无私地献身于公共利益、一心只关心城市未来繁荣的。杰克逊写道，“如果这座城市没有在1924年到1970年之间进行的大规模公共工程项目……如果没有建立公路干线系统，如果没有将20万人从旧式公寓重新安置到新的公共住房项目，纽约就无法在90年代自称为20世纪的中心、资本主义的中心、世界的中心”（Jackson，2007，p68）。

巴隆和杰克逊继续写道，自80年代以来，由于纽约逐渐构建起“政府和市民多重审查的程序”，许多为了维持纽约在世界上的顶尖地位而推动的雄心勃勃的项目类型很难得到批准，这让人们重新想起了摩西，他的声誉出现好转（Ballon & Jackson，2007a，p65）。

再访简·雅各布斯

2007年秋天，在摩西纪念展试图扭转其在公众眼中“权力掮客”形象的9个多月之后，纽约大都会交通署（Metropolitan Transportation Authority）鼓励多辆公交车上的乘客“向外看”——窗外的广告内容是：为期3个月的“简·雅各布斯与纽约的未来”主题展览将于9月在纽约城市艺术协会开幕。广告中说：“这个城市变化很快，但这是在朝着正确的方向前进吗？拿起你的地铁卡，看看这位传奇活动家是如何在20世纪60年代改变纽约的，以及你能为塑造今天的城市做些什么？”正如该展览的宣传册所解释的那样，其旨在“激励公民支持并为自己社区的健康而战”，并鼓励“城市官员、开发商、规划师和建筑师接受并落实简·雅各布斯的理念”（Municipal Art Society of New York，2007a）。

然而，和摩西的故事一样，雅各布斯的故事也不简单。任何试图为她长久以来的思想遗产盖棺定论的努力都会很快面临对她影响力的各种解读，甚至有时是相互矛盾的。当然，和摩西一样，雅各布斯也有她批评和蔑视的对象，其中不乏一些我们熟悉的备受尊敬的人物，即使是出于某些特殊的原因。雅各布斯在《美国大城市的死与生》一书中抨击的规划界名人就包括了芒福德，她抨击他的著作《城市文化》（*The Culture of Cities*）是“病态和有偏见的弊病目录”（Jacobs，1992，p20）。尽管雅各布斯和芒福德都鄙视由联邦政府资助的、针对美国20世纪中期城市的大规模重建项目，但她还是把矛头指向芒福德和他的“去中心派”同道——包括凯瑟琳·鲍尔（Catherine Bauer）、克拉伦斯·斯坦因（Clarence Stein）。此外还有近期一些埃比尼泽·霍华德“田园城市”理念的追随者——因为她认为这是一种垂暮且无趣的研究。她贬低他们的观点对“理解城市本质、培育成功大城市”毫无益处，只是提供了“抛弃城市的理由和手段”（Jacobs，1992，p20）。[9]

一年后，芒福德在《纽约客》上进行了反击。在一篇长达30多页的详细批判《美国大城市的死与生》的文章中，他承认雅各布斯的“批判使她成为一个不容小视的人”，而且，在一种间接的恭维中，承认她是一位新型“专家”（Mumford，1962，p150）。芒福德写道，她是一个“对非人性化住房和错误设计的精明批判者”，也是一个“对城市生活的巨大复杂性的娴熟观察者”。但是，他断言，雅各布斯对霍华德的轻视态度表明她欠缺历史知识，并把她的书形容为“成年人的判断中夹杂着女学生的可笑谬误”（Mumford，1962，p173）。芒福德指责雅各布斯“近乎痴迷地关注于预防暴力犯罪”（Mumford，1962，p158），而在对大城市的关注上显得短视，特别是在纽约问题上，尽管她在小街区的分析上相当犀利。他指责她将大型公园妖魔化为犯罪产生的温床，而非受害者。他还揭露了她论点的核心矛盾——在保护格林威治村社区的过程中，规划和建筑风格实际上发挥了重要作用。

芒福德总结道，雅各布斯“将20世纪城市规划中每一项令人满意的创新和每一个有争议的想法都随意地推倒，甚至没有经过假意的批判性评估”。[10]

即使作为一场庆祝活动，“简·雅各布斯与纽约的未来”展览也无法逃脱雅各布斯思想遗产的复杂本质。在看似连贯清晰、重点突出的信息背后，这场展览实际上是当代三股重要力量之间拉扯的结果，他们都在努力地应对着雅各布斯思想的持久影响：洛克菲勒基金会（Rockefeller Foundation），1958年曾资助雅各布斯研究和写作了《美国大城市的死与生》；策展人、乔治·华盛顿大学历史学教授克里斯托弗·克莱梅克（Christopher Klemek），曾写过大量关于雅各布斯的文章；纽约城市艺术协会，一个城市宣传组织，也是本次展览的主办方和主要赞助商。事实证明，他们每一派都有自己对雅各布斯的持久影响力的看法，对展览的最合适展开方向都有发言权。

甚至在试图修正摩西"权力掮客"形象的纪念展览启动之前，洛克菲勒基金会就已经开始筹划一场纪念展览，讲述其自身与雅各布斯的作品和理念的联系。[11]然而，克莱梅克更乐于承担对雅各布斯的"学术性批判使命"，即继续解读雅各布斯及其与历史背景之间不断发展的关系（Klemek，2008b；又见Klemek，2007，2008a）。与此同时，纽约城市艺术协会更希望强调雅各布斯对社区组织和城市形态的持久影响。在2008年退休以前，曾两次担任该协会会长的肯特·巴威克（Kent Barwick）说，他们组织参与得比较晚，直到展览开始前9个月才开始参与筹划。这么晚才参与迫使巴威克对雅各布斯的成就和思想遗产进行了"速成式潜修"，但这也引出了一个问题："简·雅各布斯会对现在发生的这种情况作何反应？"巴威克说，"很明显，简会说，'好吧，你觉得怎么样？'"（Barwick，2008b）。

克莱梅克指出，在这三股力量"紧张"合作下，创造出了"一种开放的主题，一种对话"，鼓励参观者思考一系列有关雅各布斯或明或暗的争论、她毕生的工作及其对纽约市的影响（Klemek，2008）。在如今一些项目存在巨大争议的背景下，例如大西洋广场重建和哥伦比亚大学的扩建，本次展览试图重振雅各布斯思想的相关影响力，"比如，土地征用权似乎对社区个体不利"（Barwick，2008b）。因此，展览被构想成两个截然不同但又互补的部分。整个展览分为两个展厅，其中一个展厅主要纪念雅各布斯对当代社区组织的持久影响，另一个房间则重点展示她的健康社区四项基本原则。

第一个展厅里的照片和文字说明了雅各布斯的思想是如何影响社区组织的：使其"不断开发尖端工具，产生积极的变革和更大的公众参与"（Municipal Art Society of New York，2007a），或者通过巴威克所说的"雅各布斯式"理念，使"人们有信心对其所生活的世界作出自我判断，让新一代人有权塑造他们自己的生活环境。这些理念不一定直接来源于简·雅各布斯，而更多延续了自雅各布斯到威廉·怀特留下的传统——让人们停下来看看"（Barwick，2008b）。[12]其中一个部分详细描述了“人本尺度”的规划和基层组织理念，这些支持雅各布斯和她的邻居们在1961年成功阻止了一项推倒格林威治村14个街区进行城市更新的提案。[13]另外，还有一个部分展示了雅各布斯思想在当代的典型案例，包括“我们留下来”（Nos Quedamos），一个基层规划组织成功领导社区阻止了布朗克斯的梅尔罗斯公地（Melrose Commons）重建计划。展览文字中写道：“如今，她的榜样作用激励着新一代的活动家，《美国大城市的死与生》已成为新生基层运动的《圣经》，以保护和改造传统城市社区”（Municipal Art Society of New York，2007a）。“我们想通过案例展示出公民是如何改变结局的，如果你看到在梅尔罗斯公地发生的事情，你就会毫不退缩地去尝试。”巴威克解释道：“这就是纽约城市艺术协会的目标——让参观者感觉到他们对社区的印象和专家一样有价值”（Barwick，2008b）。

第二个展厅展示了雅各布斯影响的另一种差异性互补视角，侧重于她的城市设计四项基本原则：不同年代的建筑、小街区、人口密度和土地混合利用，这些使得《美国大城市的死与生》一经问世即成为经典。展览推荐语中写道：“雅各布斯的观察以及她为城市采取实际行动的意愿对如今的纽约仍然至关重要，因为它正在被私人开发热潮所重塑，而且很快将会被纽约未来规划‘纽约2030规划’（PlaNYC 2030）中提出的规划目标所重塑”（Municipal Art Society of New York，2007a）。[14]

从克莱梅克的角度来看，这次展览也是对摩西修正主义的回应，随着2007年春天《罗伯特·摩西与现代城市》出版及其相关展览开展，摩西修正主义言论主导了对于这对宿敌的讨论。虽然克莱梅克欣然同意巴隆和杰克逊的观点，即有必要对摩西进行更细致的解读，以抵消卡罗在《权力掮客》中对摩西形象“耸人听闻”的刻画带来的影响，但他认为，许多旨在恢复摩西形象的努力往往涉及雅各布斯，且常常以贬损雅各布斯为代价。克莱梅克认为，这些人实际上巩固了这样一种观念：如果摩西在某些问题或话题上是正确的，那么雅各布斯就一定是错的（Klemek，2008b）。

克莱梅克警告说，这种简化二元论可能会过度强调和夸大两位人物的思想而忽视其他方面。在雅各布斯的案例中，他认为她已经被描绘成一个“邻避主义先驱”（the prophet of NIMBYISM）或是反政府的杰出代表（Klemek，2008b；例如，见Schwartz，2007）。

重新解读（或曲解？）最近的城市史

这种联系一定是修正主义的、单一维度的过度简化吗？对罗伯特·摩西的修正是否与对雅各布斯的批判性评价密切相关？是否需要这样的批判性回顾呢？这些问题以及它们所带来答案的广度，进一步突出了雅各布斯和摩西之间关系的复杂性。例如，在雅各布斯去世的6个月后、摩西回顾展举行之前举办的哥谭中心论坛上，《罗伯特·摩西和现代城市》的合著者之一希拉里·巴隆指出，摩西认为政府在指导城市发展方面应发挥决定性作用，而这的确是一个合理的观点。然而，她随后将矛头指向雅各布斯，指出在《美国大城市的死与生》一书中，“政府被认为更有可能伤害，而不是推动社区发展”（Ballon，2006）。作为论坛的开场发言人，巴隆抛出的亲政府的摩西与反干涉主义的雅各布斯对立的观点，成为一个导火索，为随后的发言中一个更引人入胜的情节奠定了基础。在两位演讲者之后，普瑞特社区发展中心（Pratt Center for Community Development，一个社区宣传和设计组织）主任[15]布拉德·兰德（Brad Lander）也提到了规划的主题和政府在这一过程中的作用。兰德认为，在早期，雅各布斯对摩西式国家规划的批判被理解为“反对所有的规划”（Lander，2006）。但到了20世纪70年代末和80年代，她的思想已经从产生多样性的宽泛先决条件——如小街区和混合利用——演变为促进“成功”社区发展的详细设计原则。

例如，在纽约市的炮台公园城（Battery Park City），建筑师亚历山大·库珀（Alexander Cooper）和斯坦顿·埃克斯图特（Stanton Eckstut）从雅各布斯那里获得灵感，设计了一系列指导方针，规定在该市宏伟的历史街区中使用特定材料和建筑风格（Cooper，2009；Morrone，2008）。在更广泛的范围内，新城市主义的概念直接借鉴了雅各布斯将多样性和细粒度的活力与设计联系起来的思想。其主要实践者之一、建筑师安德烈斯·杜安尼（Andrés Duany）经常引用雅各布斯的观点，其设计原则也围绕紧凑的步行友好型社区、安全有活力的街道无缝融入周边城市展开（Congress for the New Urbanism，2001）。兰德在论坛上指出，反规划者雅各布斯已然成为城市设计的“守护神”。

然而，与此同时，雅各布斯的思想也开始用来“为右翼的努力提供知识、道德和美学的掩护”（Rich，未注明出版年），通过攻击作为政府监管手段的规划，试图“把国家淹死在浴缸里”（to drown the state in a bathtub）（Lander，2006）。为了阐明这一点，兰德引用了保守派学者马丁·安德森（Martin Anderson）的著作《联邦推土机》（*the Federal Bulldozer*）中对雅各布斯和城市更新的评论，以及保守派团体和相关人物的言论和政策，包括罗纳德·里根（Ronald Reagan）、司法研究所（Institute for Justice）、卡斯尔联盟（Castle Coalition）和美国有限政府组织（Americans for Limited Government）。[16]

兰德和历史学家克里斯托弗·克莱梅克一样，拒绝接受雅各布斯是反干涉主义者的说法，而认为这样的解读是对她思想的选择性故意误用。当然，在现代主义城市实验失败之后，政策制定者和政府复兴城市计划的支持者从她的作品中找到了灵感，许多城市学家的理论也或明或暗地借鉴了她的作品。这些后来的思想家不仅受到《美国大城市的死与生》的影响（这本书在规划师和设计师中引起了持久的共鸣），而且还受到了后来的作品《城市经济》（*The Economy of Cities*）的影响，雅各布斯的许多早期观点在这本书中重现，形成了里根-撒切尔（Reagan-Thatcher）时代美国和英国城市政策实施的知识基础。

在《城市经济》一书中，雅各布斯比较了英国的曼彻斯特（Manchester）和伯明翰（Birmingham）两座城市，前者是19世纪中期一个先进的工业城市，而后者则是同一时期各种各样手工艺小作坊的所在地。雅各布斯指出，到20世纪中叶，曼彻斯特逐渐衰退，工业已然过时。与此同时，伯明翰则更加灵活，其小型企业能够适应不断变化的经济潮流（Jacobs，1969）。[17]

对雅各布斯和赞同她的观点的决策者来说，教训是明显的。新自由主义计划就是从中产生的，比如城市企业区，在这些区域中，社区通过监管、税收减免以及对手工艺小作坊和手工工业的补贴实现经济振兴。雅各布斯认为这些企业是最适合内城的，因为它们适应性强，愿意“在地下室、废弃仓库、车库，甚至一片碎石堆上的临时建筑中经营”（Butler，1981，p82）。这些政策制定者还采纳了雅各布斯关于多样性、“街道眼”（Eyes on the street）和土地混合利用的理念，以及她对贫民窟和社区重建过程的描述，还有她关于结束政府资助的社会福利项目的主张。在这种情况下，雅各布斯提出的非正式网络通过在政府管理失败的地区提供服务支持，帮助当地社区实现了自力更生。

大约20年后，城市理论家理查德·佛罗里达（Richard Florida）在提出“创意经济”和“创意阶层”的概念时也借鉴了雅各布斯的思想（Florida，2002）。

佛罗里达认为，多样性是创新的主要推动力，因此城市不仅要促进多样性，还要通过提供各种服务设施，吸引最优秀和最聪明的工作者培育多样性。在一个高速流动、相互关联的全球市场中，这些在艺术、设计、时尚和高科技领域受过高等教育的“创意工作者”必定是最成功的。而他们所生活的地方，经济增长和财富积累也将随之而来。

凯文·斯托拉里克（Kevin Stolarick）说：“理查德从简那里学到的最多的是多样性和包容性，即人力资本是一种流动，人可以而且确实在流动。”他担任多伦多大学马丁繁荣学院（Martin Prosperity Institute）研究主任，佛罗里达也曾在那里担任主任，他们紧密合作，致力于发展“创意阶层”的理念。“创意阶层知识工作者信奉自由，更愿意选择流动的地点，而不仅仅是‘你这儿有我的工作吗？’，这体现了开放性和多样性的理念，而多样性是产生创新的力量……简对此谈了很多”（Stolarick，2010）。

在某种程度上，杰克逊和巴隆的修正主义不仅重新关注摩西，也关注雅各布斯。有关摩西和雅各布斯及其思想遗产的争论越来越多地取决于参与争辩的人是谁，以及他们最终代表了怎样的矛盾性观点和竞争性解释。2007年，这反过来又引发了新一轮的文献产出和活动举办，包括3月份在纽约城市博物馆（Museum of the City of New York）举行的名为“解读和曲解简·雅各布斯：纽约和其他地区”的平行论坛。在这次讨论中，纽约城市学院城市设计项目主任迈克尔·索金认为雅各布斯经常被误读，因为后人不像城市艺术协会展览那样全面解读其思想的相互依存性，而倾向于只关注她思想的某一方面，“将活动家简·雅各布斯与城市形态天才观察家简·雅各布斯分离”（Sorkin，引自Haley，2007）。

在哥谭中心论坛上，普瑞特中心的布拉德·兰德引用了一篇未发表的文章《大计划和小人物，谁拥有联邦推土机的车钥匙？》（*Big Plans and Little People, or Who Has the Keys to the Federal Bulldozer?*），文中，新泽西州纽瓦克市的规划师、城市教育学中心（Center for Urban Pedagogy，一个总部位于布鲁克林的组织，旨在开发城市教学的创新工具）创始人达蒙·里奇（Damon Rich）研究了公共叙述在城市更新公共辩论形成和转变中发挥的重要作用，特别强调雅各布斯和她为阻止她所在社区的城市更新提案所做的努力。正如里奇所指出的，这场“斗争”并不是雅各布斯和摩西之间的最终对决，而且到那时，摩西已经不再是贫民窟清拆委员会的成员。但几十年后，这场“斗争”在2001年获奖的电视纪录片《纽约：一部纪录片》[*New York: A Documentary Film*，由里克·伯恩斯（Ric Burns）执导] 中趋于白热化。片中第七集“城市与世界”讲述了雅各布斯-摩西之争。该片首先描述了两人之间针对摩西打算在曼哈顿下城修建高速公路（该项目最终称为LOMEX）展开的冲突。这种冲突愈演愈烈，很快蔓延到整个城市的议论，传得神乎其神。雅各布斯的支持者将其奉为“守护神”，奋起反抗摩西，使摩西成为里奇笔下“不人道、抽象、丑陋的建筑现代主义”的典型代表（Rich，未注明出版年，p15）。最后，当然，摩西被雅各布斯的“忍耐、机智和古怪的优雅”击败了（Rich，未注明出版年，p15）。

对里奇来说，伯恩斯的纪录片可以视为“近代城市历史主流化”的一个广受好评和有影响力的例子，这是一个传统建筑行业的缺陷产品，其信息是一种“歪曲解读”，“使简·雅各布斯和罗伯特·摩西之间的老式对决”继续下去（Rich，未注明出版年，pp14-15）。[18]这种叙事手法可以追溯到卡罗在《权力掮客》中的诅咒式描述，而随着时间的推移，摩西的名字与打着城市更新旗号的大型公共住房项目几乎成了同义词，以至于历史轻易地被掩盖。摩西是否参与了西村（West Village）的城市重建，或者是否为了建设某个特定的公共住房项目而铲平一个社区，似乎变得无关紧要了。但是，这些项目明显带有摩西早期行为和意识形态的印记，因此，不妨追究他的责任。[19]

颇具讽刺意味的是，里奇和其他一些人注意到，雅各布斯的思想除了引发一场民粹主义革命外，还被规划开发领域的主流力量所利用，以促进大规模的重建工作，这肯定是她所深恶痛绝的。通过将她的术语“主流化”和普及化，规划师、开发商和房地产利益集团重新解读了她的关键词，如充满活力的、人本尺度的、宜居的，以推广和营销“大型的、自上而下的项目”（Shiffman，2007）。随着时间的推移，她的多样性核心概念已成为规划的“道德口号”（Kidder，2008，p260），而“混合利用”原则也已不再是“一个眼光敏锐的作家对强大、有机城市结构背后的观察，而成为开发商的一个口头禅”（Goldberger，2007b，p12）。但我们也要考虑到社会学家大卫·哈勒（David Halle）的观点，他在《城市与社区》纪念刊上撰文指出，一些批评家已经把雅各布斯说成了“现代建筑的保守反对者”（Halle，2006，p237）、一个古怪和小尺度建筑的狂热爱好者，她局限的视野使规划陷于瘫痪。

实际上，简·雅各布斯和罗伯特·摩西在很大程度上被简单角色化了，或者更准确地说，成为大与小、公共与私人、国家与个人、“公共利益”或其他任何好处与坏处之间二元对立的话语代表。

调用遗产机器

纽约市城市艺术协会的肯特·巴威克和历史学家克里斯托弗·克莱梅克一样，反对这种简单的二元对立。他说:“我认为最大的陷阱是把他们看成截然对立的两极，他们可能在很多事情上意见一致，两者都是为了某种发展，然而，他们成了观点的替代品和单色符号”（Barwick，2008b）。对巴威克来说，雅各布斯真正的遗产与摩西的关系不大，虽然仍然以她的城市设计原则和社区组织原则为中心，但比她的遗产所显现的要广阔得多，并随着时间的推移和城市的不断发展逐渐螺旋式向外扩展。这为城市艺术协会赞助的项目提供了广泛的题材，包括“为基层规划者提供改造和振兴社区”的“宜居社区”（Livable Neighborhood）培训工作坊，以及一年一度的简·雅各布斯论坛（Municipal Art Society of New York，未注明出版年b）。

反观摩西？

正如前面提到的，随着雅各布斯的去世，对其思想源源不断的缅怀和赞颂，以及对她的重新关注，令人强烈地想去重新审视她的老对手。以摩西回顾展览、巴隆和杰克逊的书作为导火索，一大批记者、作家、城市思想家参与了这场大讨论，出现了一系列评论，尽管不完全认同修复摩西名誉的看法，但值得庆幸的是出现了从新的时空视角重新思考“权力掮客”的尝试。对一些人来说，摩西所拥有的指挥“创造性破坏”整个城市街区的能力，似乎与由此产生的公共住宅区、高速公路和文化机构一样重要。城市设计记者约翰·金（John King）指出，“如果有人说摩西用过于沉重的手挥舞着权力大棒，但至少他把事办完了”（King，2007，E6）。《纽约时报》的建筑作家尼古拉·奥洛索夫（Nicolai Ouroussoff）在哥谭中心论坛的评论中写道，在卡特里娜飓风（Hurricane Katrina）肆虐14个月后，新奥尔良（New Orleans）依然满目疮痍，这不禁令人联想到雅各布斯和摩西角色之间的“紧张关系”。奥洛索夫认为，尽管摩西具有破坏性，但他仍然提供了“政府可以动员自己去干些什么的诱人感觉”（Ouroussoff，2006b）。

在当前的政治经济环境下，这样的论点尤其令人信服。目前，基础设施破败不足、经济结构重组、全球气候变化和其他一系列问题正在重塑着当代城市，以及关于城市应该采取何种形态的辩论。约翰·金援引摩西的遗产作为解决旧金山当前交通问题的模式。而菲利普·肯尼科特（2007，NO1）在《华盛顿邮报》上认为，政治和权力斗争的教训在当代有关扩大华盛顿特区地铁扩建计划中回荡。在接受《纽约时报》采访时，巴隆非常怀念纽约的过去时代，“生活在纽约，你会发现摩西并没有明显的继任者，没有什么建筑大师，谁来照看这个城市？我们如何为未来重新建设？”（Pogrebin，2007，p28）。

不足为奇的是，这些解读一直伴随着对一个新的摩西的呼唤，来引导当代城市走向未来（例如Jackson，1989，2007；另见King，2007，E6，和Kennicott，2007，NO1）。肯尼斯·杰克逊是最早提出这一观点的人之一，早在1988年霍夫斯特拉大学庆祝摩西诞辰一百周年大会上，他就提出了这一观点。他认为，摩西为纽约市成为全球金融和文化之都奠定了实质性基础，并使之生存到21世纪成为可能。“然而，如果另一个罗伯特·摩西不出现”，他当时警告说，“面对东京（Tokyo）、圣保罗（Sao Paulo）、墨西哥城（Mexico City）和洛杉矶（Los Angeles）的激烈竞争，纽约就不太可能保持其崇高的地位了”（Jackson，1989）。

于是，争论就这样激烈地进行着。摩西和雅各布斯成了代表城市规划光谱对立两极的保护伞，学者、活动家、记者和规划师们就他们遗产的本质争论不休。最近的一系列反思活动——从哥谭中心论坛到摩西和雅各布斯回顾展、几十篇回顾和纪念文章、越来越多的新书，以及无数的圆桌和小组讨论——都有力地强调，这场斗争远不是关于这两位历史人物，而是关于他们在特定时间点如何被理解、解读，甚至可能是曲解。在某些情况下，摩西和雅各布斯可能说过的话、做过的事或相信过的事现在几乎都是次要的，而只是作为一些势力的背景。这些势力采用甚至“内化”了他们的思想遗产，将其应用于新的目的和更广泛的思想方法。一直以来，有人可能会说，有关这对死对头的城市未来形态的讨论总是萦绕不散。布拉德·兰德在哥谭中心论坛上提到了布隆伯格政府雄心勃勃的重建议程，称其依靠摩西式的机制，以及通过土地征用权“幽灵”强制迁徙，为本质上的私人项目提供了大量公共补贴。兰德说，这表明，尽管人们普遍认为雅各布斯早已成功地击败了“权力掮客”，但摩西式大规模规划仍继续威胁着纽约市的社区。尽管雅各布斯被神化了，但他认为，“我们有很多办法不把摩西抛在脑后，当代城市发展仍然是一群精英牵着公众的鼻子走”（Lander，2006）。

第3章

布隆伯格实践

自2002年迈克尔·布隆伯格就任纽约市市长以来，纽约市政府就试图以自罗伯特·摩西大建造时代以来从未见过的规模重塑纽约市的建成环境。

一些人称赞布隆伯格政府雄心勃勃的计划是伟大思想的重生，是领导人干实事时代的回归（Ballon，2008；Goldberger，2007a）。但另一些人质疑重建议程的潜在长期愿景和经济合理性，并担忧其中一些项目对邻近社区的潜在负面影响，担忧他们所采用的专制手段（Lander，2006；Wells，2007）。布隆伯格最早的提案一经公布，就被拿来与摩西最糟糕的方面进行比较——比如自上而下的规划（Angotti，2005，2007；Sorkin，2007），并引起了当地社区团体和纽约州议会成员的反对。其中有四个项目特别体现出布隆伯格政府议程的咄咄逼人性，凸显了其计划的争议性。

"纽约2012"：奥运会的野心

几十年来，曼哈顿的远西区——一片360英亩的狭长地带，以哈得孙广场（Hudson Yards）为依托，集轻工业、住宅和交通为一体，其中包括两个连级别都够不上的大都会交通署小型铁路设施，分布在第九大道以西、第28街和第41街之间的39个街区。该地一直被视为纽约市工业时代遗留下来的未充分利用和欠发达的区域，按照再开发倡导者的说法，这是一个人口稠密的自治市发展的"最后的边角空间"（New York City Department of City Planning，2012c）。[1]早在20世纪

70年代，以及80年代末和90年代初，市长埃德·科赫（Ed Koch）和他的继任者大卫·丁金斯（David Dinkins）连续两届政府都呼吁将该地区从“经济黑洞变成有利可图的发展项目”（Brash，2006，64）。但在这两个案例中，重建工作都由于社区阻碍而停滞不前，很大程度上是因为人们对摩西时代过分行为的担忧仍然挥之不去。但在1996年，朱利安尼（Giuliani）政府重启了这项计划，他们主张为纽约市著名的美国职业棒球大联盟（Major League Baseball）球队——纽约洋基队（New York Yankees）建造一座新体育场，同时为申办2008年夏季奥运会探索可能性。到20世纪90年代末，房地产、金融、媒体和科技产业的增长带动了经济的蓬勃发展，引发了将市中心商业区向西扩展的讨论。

最终，纽约市决定申办2012年奥运会，修建洋基体育场（Yankee Stadium）的提议也被朱利安尼和当时的州长乔治·帕塔基（George Pataki）之间的敌意扼杀了，此外朱利安尼在面对公众反对时，其独裁策略和顽固态度又加剧了这种敌意。不过在2001年朱利安尼任期即将结束时，纽约市和“纽约2012”（NYC2012，一个由私人运营、私人资助、旨在监督该市奥运工作的组织）推出了各自独立但相互补充的计划，旨在对哈得孙广场进行装饰和重建。首先，在2001年8月，“纽约2012”公布了一项耗资12亿美元雄心勃勃项目的细节，该项目计划扩建现有的雅各布·贾维茨（Jacob Javits）会议中心，并将其与一个有7.2万个座位的穹顶体育场连接起来，作为奥运会的主场馆。在奥运会结束后，这里将作为美国国家橄榄球联盟（National Football League）纽约喷气机队（New York Jets）的新场馆。此外，该提案还计划建造两家大型酒店，一个是新的麦迪逊广场花园（Madison Square Garden），另一个是一座80层、120万平方英尺（1平方英尺约为0.09平方米）的媒体塔，这座塔将作为铁路调车场上的“‘标志性的办公楼’，进行商业开发”。此外还有一个8.5英亩的广场，有绿地、商场和咖啡馆（Brash，2006，p92）。[2]

该提案由丹尼尔·多克托罗夫［Daniel Doctoroff，曾是一名投资银行家，于1994年在私募股权公司橡树山合伙人公司（Oak Hill Partners）任职期间创立“纽约2012”组织］领导，由亚历山大·加文（Alexander Garvin，城市规划师、纽约城市规划委员会前成员）和杰伊·克里格尔［Jay Kriegel，哥伦比亚广播公司（CBS）前高级副总裁，曾担任约翰·林赛（John Lindsey）市长的助手］共同提出，将2012年奥运会申办计划与市中心商业区扩建联系起来，计划将地铁7号线从时代广场向西延伸至即将扩建的雅各布·贾维茨会议中心。因此，这项重建计划将房地产开发商、规划者、企业高管和政界人士聚集在一起，团结了该市支持增长的精英们，努力克服政治上的反对（当时，政治上的反对阻碍了哈得孙广场改造计划）。多克托罗夫承认，从一开始，“申奥为私人发展项目和全市范围的城市发展运动提供了合法性”（Brash，2006，p76）。

三个月后，2001年11月，布隆伯格当选市长，多克托罗夫被任命为新一届政府分管经济发展和城市重建的副市长，纽约城市规划部（Department of City Planning）在一份名为《远西中城：发展框架》（*Far West Midtown: A Framework for Development*）的报告中详细介绍了对远西区进行重新规划的提案，其中包括对哈得孙广场重建愿景的总体规划。为了让该提案成为现实，布隆伯格和多克托罗夫绕过纽约州的立法程序，拉拢商界领袖，然后继续推进重新区划计划，以压倒潜在的反对意见。随着时间的推移，人们开始将其与摩西相提并论。城市人类学家朱利安·布拉什（Julian Brash，2006，p113）写道：“这有机会规划和设计一个全新的地区，包括广泛的混合利用、滨水开发和开放空间网络的发展，唤醒了精英城市规划者们心中的罗伯特·摩西或奥斯曼男爵（Baron Haussmann）[①]”。

尽管如此，纽约州拥有铁路调车场的部分所有权，这意味着布隆伯格政府最终需要立法支持才能继续推进。虽然其强硬策略适得其反地引发了一些议员的不满，但政府官员仍继续通过不断发出威胁、最后期限和最后通牒迫使这个问题得到解决。与此同时，批评家猛烈抨击该计划是私有化规划的一个例子，即一个私营组织试图以违背当地社区意愿的方式推进更大的重建，而且几乎没有公共监督或介入，尽管这需要大量公共资金并占用公共土地（Brash，2006）。

一直以来，尽管纽约市和“纽约2012”共同发起了这场运动，以激发人们对申奥的热情，但纽约市居民在很大程度上仍然对他们的城市举办奥运会和在曼哈顿中部建造体育场的提案漠不关心。由于政府任意设定的行动截止日期临近，当地有线电视公司（Cablevision）提交了一份重建哈得孙广场的竞标书，他们认为，一座新体育场将成为麦迪逊广场花园体育活动场馆的竞争对手。2005年初夏，纽约州议会议长谢尔登·西尔弗（Sheldon Silver）否决了修建体育场的计

① 法国城市规划师，因主持了1853年至1870年的巴黎大规模重建而闻名。

划，几周后，2012年奥运会举办权被授予伦敦。最终，尽管布隆伯格政府全力团结城市精英，哈得孙广场的重建还是被搁置了。

哈得孙广场

然而，重建该地区的计划不会就此夭折。即使在喷气机队体育场的计划失败、奥运会举办权旁落伦敦之后，远西区的改造计划仍在布隆伯格政府的另一项重新区划和开发该地区的行政提案中出现。据文物保护专家劳里·贝克尔曼（Laurie Beckelman）描述，这是“自洛克菲勒中心（Rockefeller Center）以来纽约最大的重建计划”。不只是建设体育场，哈得孙广场提案相当于创造了“一个全新的社区”，区划也为此提供了必要的条件（Beckelman，2007）。2004年11月23日，纽约城市规划委员会批准了一系列的区划变更，以促进东区26英亩土地的高密度办公、住宅和商业开发，并于2009年12月21日完成了西部的重新区划（“Mayor Bloomberg”，2009）。

2007年10月，五家公司提交了开发哈得孙广场的投标书，2008年3月，大都会交通署宣布房地产开发商铁狮门（Tishman Speyer）赢得了开发权。但仅仅六周后，铁狮门就退出了，理由是无法与大都会交通署达成共识，将项目推迟直到西区重新区划完成。竞标被转交给了瑞联集团（Related Companies）（Bagli，2009a），该公司高层领导中有三位之前在不同时期参与过体育场建设的老将：杰伊·克里格尔，《纽约时报》称他是多克托罗夫在申奥失败过程中的“得力助手”，于2007年5月被任命为该公司的高级顾问；杰伊·克罗斯（Jay Cross），纽约喷气机队的总裁，是纽约建造喷气机队体育场（申奥工程的一部分）失败运动中一个关键的公众参与者；维沙恩·查克拉巴蒂（Vishaan Chakrabarti），于2002年受纽约市城市规划部主任阿曼达·波顿任命管理该局曼哈顿办事处，在这期间，他领导推进了纽约市体育场建设工作。2008年7月，查克拉巴蒂加入瑞联集团，担任其设计和规划执行副总裁（Starita，2008）。

瑞联集团谋划该项目的愿景以13座高楼为特色——一座酒店、数座办公楼、5000套公寓住宅，以及一个建于两个巨大平台（每个平台耗资约10亿美元）上的巨型零售综合体，整个项目位于铁路站场，总投资150亿美元。最初，这个项目包括康泰纳仕集团（Conde Nast）、新闻集团（News Corp.）和摩根士丹利（Morgan Stanley）的新总部。但随着经济境况恶化，这些特色企业租户退出，2009年年初，由于可用资金供应不足，瑞联集团寻求并与大都会交通署达成一致，进一步推迟了该项目的完成期限，双方签订了一份为期99年的10亿美元详细租约（Bagli，2009a）。到2009年年底，瑞联集团找到了一个新的合作伙伴——高盛集团（Goldman Sachs）。这家强大的投资银行在次贷危机中扮演的角色，使其在2008年重组成为一家传统的银行控股公司。但据查尔斯·巴格利（Charles Bagli）在《纽约时报》上的报道，2010年2月高盛“意外”退出，再次推迟了该项目（Bagli，2010）。

除了经济放缓，该项目还受到三个大项目破产或进展缓慢的困扰，这三个项目原本预计将“启动”西区的进一步开发（Sagalyn，2008）：耗资140亿美元的宏伟计划——将麦迪逊广场花园迁走，代之以新的铁路终点站——莫伊尼汉站（Moynihan Station）；地铁7号线的扩建；以及雅各布·贾维茨会议中心的扩建。最终，布隆伯格政府通过一个特别设立的机构，发行了21亿美元的债务，为7号线的扩建提供资金（Pinsky，2008），预计债务最终将由新开发项目产生的税收支付。但由于项目没有任何进展，批评人士开始警告说，这座城市每年可能要承担高达1亿美元的债务。纽约市律师协会（New York City Bar Association）2007年的一份报告称，哈得孙广场融资计划“与炮台公园城的开发有惊人的相似之处”，炮台公园城在20世纪70年代几乎违约，导致纽约市陷入财政危机。此外，该报告还提出质疑，如果开发西区是不可避免的，“为什么要通过代价高昂的人为经济激励来鼓励这种开发？”（New York City Bar Association，引自Buettner and Rivera，2009，A1）。

曾任大都会交通署主席的理查德·拉维奇（Richard Ravitch）于2009年7月被任命为纽约州副州长。在2008年1月的纽约城市博物馆名为“远西区的命运”的交流会上，他提出了尖锐的批评，“只有在充分开发莫伊尼汉站之后，哈得孙广场的全部价值才会实现”，他认为在没有对地铁扩建或莫伊尼汉车站作出具体承诺的情况下，推动该地区的重新开发是“疯狂的规划”（Ravitch，2008）。他补充说，这个项目“对我们的决策提出了的严重质疑”，即将增长放在哪里，如何分配资源。他总结道：“在不清楚谁来买单的情况下就制订计划只是一种学术练习。”[3]

大西洋广场

另一个更有野心，也更有争议的政府早期大型项目是大西洋广场，位于布鲁克林市中心（Downtown Brooklyn），占地22英亩，其中包括一个8英亩的铁路站点——范德比尔特铁路调车场（Vanderbilt Rail Yards）——也归大都会交通署所有。2002年，开发公司森林城公司（Forest City Ratner）宣布有兴趣重新开发该地块。该地块位于大西洋大道（Atlantic Avenues）和弗拉特布什大道（Flatbush Avenues）的交叉口，布鲁克林的三个社区——正在迅速士绅化的展望高地（Prospect Heights）、格林堡（Fort Greene）和已经很豪华的公园坡社区（Park slope）在这里交汇。它还毗邻森林城公司的两个早期项目：都会科技广场（Metrotech），一个占地16英亩，包括11栋楼，建筑面积570万平方英尺的商业、学术和办公项目，是科赫政府期间构思的，目的是将商业和办公开发吸引到外围城镇；还有大西洋中心（Atlantic Center），一个占地24英亩、耗资2亿美元的零售和住宅开发项目，建于20世纪90年代中期。

2003年，布隆伯格和森林城公司公开宣布了与帝国开发公司（Empire State Development Corporation，ESDC）合作开发大西洋广场的计划[4]，2005年年初，市政府和开发商签署了一份协议纪要，为森林城以1亿美元的价格从大都会交通署手中收购范德比尔特广场铺平了道路。然而，从一开始，这个项目就面临争议和社区反对。最初的规划是由弗兰克·盖里设计的一个片区，包括8英亩的公共开放空间和16座综合用途高楼，面积超过100万平方英尺，有住宅、商业（包括23万平方英尺的新零售和60万平方英尺的办公室）和酒店空间。这里还将成为新泽西网队（New Jersey Nets）未来的主场馆。2004年，森林城首席执行官布鲁斯·拉特纳（Bruce Ratner）买下了新泽西网队，并计划搬到布鲁克林。[5]除了体育馆外，该项目还与巴克莱银行（Barclays Bank）签署了一项为期20年的协议，授予其冠名权，将该体育馆称为巴克莱中心（Barclays Center），以换取4亿美元。这个雄心勃勃的建设项目还包括四座办公大楼和一座高耸入云的混合用途高（高620英尺，1英尺约为0.3米），昵称“布鲁克林小姐”（Miss Brooklyn）。正如最初设想的那样，这项高楼群计划被《纽约时报》建筑评论家尼古拉·奥洛索夫吹捧为“令人震撼的”，“就像落下的玻璃碎片”，而“布鲁克林小姐”将成为布鲁克林最高的建筑，拥有1300套公寓和4500套出租房（Ouroussoff，2006a，C1）。

支持者赞许该项目可以带来开发急需的资金注入，能够为当地创造就业机会、税收和可负担住宅（森林城声称大西洋广场项目将提供15000个建筑工作岗位和6000个办公职位）。支持者还指出，当地社区组织和森林城之间商定的社区福利协议（BPA）承诺，将2250个（或占项目总数50%的）住宅租赁单元划分为可负担住宅或中等收入住宅，30%的建筑合同将交给由少数族裔或女性经营的承包商（Atlantic Yards，未注明出版年）。

与此同时，反对者认为，该计划考虑不周，与周边社区的规模不相称，最终需要将多达20亿美元的政府资金，全部用于支持一个私人所有的项目，并将现有的道路、地铁线路和学校都压垮。按照最初的计划，大西洋广场将建成美国人口密度最高的人口普查区。反对者还对森林城提出的利用土地征用权获得其无法通过更传统方式获得的物产提出质疑（Develop Don't Destroy Brooklyn，2009a）。2006年12月8日，帝国开发公司通知大西洋广场的本地业主和租户，州政府将利用其征用权清理未被铁路占用的部分场地。为此当地形成了数个社区联盟反对该提案，并引发一系列抗议和多个法庭诉讼（Moran，2006）。

其中一个诉讼，“哥德斯坦（Goldstein）诉帕塔基（Pataki）”，始于2006年。哥德斯坦宣称，私有财产转移到一个私人实体如森林城公司并没有构成公共使用，因此不符合美国纽约州宪法或法律申请土地征用权的要求。在败诉和随后的上诉失败之后（原告一直上诉到美国最高法院，最高法院拒绝审理此案），业主和租户采取了另一种策略，在纽约州法院起诉大西洋广场土地征用权的使用违反了州宪法（哥德斯坦等人诉帝国开发公司），因为它提议使用公共资金支持城市重建项目，但没有考虑低收入居民而在开发上作出限制。虽然该上诉被驳回，但纽约州上诉法院同意审理此案。随后的上诉于2009年11月24日被驳回（Develop Don't Destroy Brooklyn，2010）。

然而，社区的反对以及成本的上升，最终迫使森林城不断缩减项目开支。2007年，当地人对“布鲁克林小姐”的楼高将超过邻近的威廉斯堡储蓄银行（Williamsburg Savings Bank，布鲁克林历史地标和最高的已建成建筑）这一事实感到愤怒，导致开发商不得不将该建筑的高度降低了100多英尺，并将其重命名为B1［原名为第一大厦（Building One）］，而且将其重新严格地设计为一座办公大楼。这引发了另一场诉讼，理由是项目范围发生了变化，原先的环境影响研究不再有效。2008年3月，随着信贷危机加深和可用信贷额度收紧，森林城宣布初步建设将集中于两栋住宅楼和体育馆，导致社区倡导者声称开发商违背了有关可负担住房和开放空间的承诺（Develop Don’t Destroy Brooklyn 2009b）。与此同时，体育馆的预估造价激增，翻了一倍多，达到11亿美元。2009年6月，森林城宣布，为了节省2亿多美元，盖里的设计被贝克特建筑事务所（Ellerbe Becket）（Bagli，2009b）更为传统的设计取代。对此，批评者指责放弃了对原计划的批准至关重要的要素，这相当于背叛了公众的信任，导致在2009年11月20日产生了又一项法律诉讼（Bagli，2009c）。

政府官员警告称，即使森林城不断削减成本，大西洋广场总体开发成本仍将达到49亿美元，比最初预算超出了10亿美元。2009年5月纽约市独立预算办公室（City of New York Independent Budget Office）发布了一份成本效益修订报告。该报告表明，这个项目非但没有带来好处——2005年的初步预测显示，该市可能在30年内实现5亿美元的收益——在这段时间内，实际上该市可能会花费6500万美元（City of New York Independent Budget Office，2009）。房地产咨询公司卡尔房地产集团（Karr real estate Group）发布了自己的风险分析报告，指出布鲁克林的高端公寓供应过剩，加上融资环境艰难，意味着大西洋广场需要20年才能完工（Bagli，2009b）。在此期间，为该项目扫清障碍而计划拆除的53座现有建筑中，已有28座被拆除。

尽管存在推延和持续的反对，体育馆（本项目即将启动的第一阶段）的建设仍于2010年3月14日开始，那年4月，开发进程中的最后一个住宅“钉子户”——太平洋街大楼的业主丹尼尔·哥德斯坦（Daniel Goldstein）同意以300万美元的和解费搬出。

哥伦比亚大学的扩建

哥伦比亚大学的扩建计划代表了布隆伯格政府规划过程中的不妥协特质。尽管受到社区广泛和持续的反对，哥伦比亚大学还是争取并获得了市政府的批准，重新开发曼哈顿维尔哈莱姆区附近的17英亩粗砂石工业用地，该地块由135街和125街、1号地铁高架段和河滨大道围成。哥伦比亚大学辩称，其现有校园向南扩建的空间不足一英里，这使其处于竞争劣势。“与在国内领先的同行相比，我们只拥有一小部分空间”，一个以推动该扩建计划而创建的网站宣称，“在人口密集的城市环境中，哥伦比亚大学不得不面对特别迫切的空间需求”。

这项耗资63亿美元的重建计划分两个阶段进行，旨在为680万平方英尺的教室、研究设施、行政办公室以及大学宿舍和停车场腾出空间。第一阶段原定于2015年完工，包括建造一个医学研究中心，以及哥伦比亚商学院、国际与公共事务学院和艺术学院的新校区。第二阶段将于2030年完成，包括额外的教室和研究室，以及研究生和教师的宿舍（Columbia University，未注明出版年）。

哥伦比亚大学的扩建计划要求重新规划其所在地区，该地区当时混合分布着数个自助寄存仓库、汽车修理店、偏僻的餐馆、一座公交车站和132个居住区。市议会在2007年12月批准了该地区土地从制造业用地转为混合用途用地。然而，与布隆伯格政府时期提出的所有大型项目一样，哥伦比亚大学的扩张计划在通过纽约市土地利用审查程序时，也引发了极大的争议。2007年，哥伦比亚大学的提议被当地社区委员会曼哈顿第九社区委员会（Manhattan CB9）驳回，该委员会自1991年以来一直在为该地区制订发展计划（Chan，2007）。曼哈顿第九社区委员会的替代方案是与普瑞特社区发展中心合作制定的，提出扩大轻型制造业的范围并提供可负担住房，与哥伦比亚大学的提案同时提交审查。虽然彼此存在巨大差异，但城市规划委员会和市议会还是同时批准了这两项计划。尽管两项计划都获得了批准，但随后对街区的重新区划使得曼哈顿第九社区委员会的替代方案过时了。哥伦比亚大学的计划在2009年5月获得了公共事业控制委员会（Public Authorities Control Board）的批准，为扩建扫清了障碍（Bloomberg，2009）。

与大西洋广场项目类似，哥伦比亚大学扩建计划的一个最主要也是最持久的障碍同样是利用征用权确保重建所需的土地。虽然哥伦比亚大学能够通过正常手段收购拟议扩建区域内67处房产中的61处，但两家加油站的所有者和尼克·斯帕雷根（Nick Sprayregen）拒绝出售，后者在重新区划的社区范围内的4栋建筑中持续运营其“把它收起来”（Tuck-It-Away）仓储业务。2008年7月17日，帝国开发公司投票一致宣布这片17英亩的土地“破败不堪”，为行使征用权铺平了道路。然而，2009年1月，“钉子户”们对帝国开发公司提起了诉讼，称该地区完好无损，因此不能被征用。在反对扩建的人所提出的批评中，有一项是关于由哥伦比亚大学资助的环境规划和工程公司（AKRF）进行的研究。该研究认为该地区破败不堪，并确定了土地所有者对其房产的价格。那些批评人士还指责该公司为每一处房产提出了三种估价，并为房产所有者提供了中值，但这些估价是基于原有的工业区划，而非将来重新规划后的混合用途区划的价值（South，2007）。

2009年12月3日，纽约州最高法院上诉庭裁定，征用程序违宪，州政府不能使用征用权获得剩余的土地。然而，2010年6月24日，纽约上诉法院推翻了该决定，裁定该州关于土地遭到破坏的决定具有支配地位，并且代表大学的征用构成了公共利益。2010年12月13日，美国最高法院维持了这一裁决，允许扩张计划继续进行。

与布隆伯格政府时期启动的其他大型项目一样，哥伦比亚大学使用土地征用权的理由涉及更大利益、最佳和最高用途以及经济发展等抽象概念。哥伦比亚大学坚持认为，建造新校区所需要的几十年的建设工作每年将产生1200个建筑方面的工作岗位，而扩建校区一旦建成，将带来6000个大学职位，并巩固"曼哈顿上城作为世界知识、创造力中心的地位，以及提供应对社会挑战的解决方案"（Columbia University，未注明出版年）。此外，哥伦比亚大学还提出该项目创造了5万到9.4万平方英尺的公共开放空间和零售设施。但是，当地社区的人们并没有得到安抚，他们成立了西哈莱姆地方经济发展组织（West Harlem Local Economic Development Corporation），要求得到更多的让步。通过艰难谈判，该组织与哥伦比亚大学达成了社区福利协议，赢得了哥伦比亚大学在12年内花费1.5亿美元建立一所以社区为基础的K-8公立学校的承诺（该学校由哥伦比亚师范学院管理），以及2000万美元的可负担住房计划。

由"保护社区联盟"（Coalition to Preserve Community，某社区组织名称）领导的扩建反对派和社区居民，也对周围地区不可避免的士绅化表示担忧。他们认为，哥伦比亚大学的扩张计划将消除制造业就业机会，并导致租金上涨，因为它削减了该地区低收入住房的库存量。为了支持这些说法，他们援引了2007年城市规划部颁布的重新规划文件，该文件承认，实际扩张将使85家拥有880名雇员和219名居民的企业被迫搬出，而到2030年，租金上涨将使另外1318名居民流离失所。

克服过去

总而言之，早期的申奥失败，以及在哈得孙广场修建新体育场以推动西部进一步发展计划的破产，都清楚地证明，布隆伯格的政府将无法迫使纽约市实施摩西式的重建议程。对大西洋广场和哥伦比亚大学扩建计划等仍在进行的项目的猛烈、持续的反对，凸显出大而化之的规划和大型项目的开发前景堪忧，继续让人联想到摩西渴望铲平整个城市街区，而雅各布斯则在动员社区进行抗议的情景。

可以肯定的是，布隆伯格政府在运行这座城市的时候，无法忽视当地群众对重建计划的关切。反对当前再开发项目的运动往往打着雅各布斯遗产的旗号，他们变得更有影响力、更加多发、更有组织性，虽然并不总是有效的。但事实上，由政府发起或推动的项目出现规模缩小或速度放缓的原因，更多地与私营部门发展面临困难有关——主要是次贷危机带来的信贷缺乏和整体经济放缓——而不是社区的反对。不过，政府早已意识到，要实现更广泛的重建目标，就必须应对规划作为政府机构的声誉受损和地位下降的问题，其根源可以追溯到摩西时代的过度行为，以及雅各布斯在《美国大城市的死与生》一书中“对现代主义主流规划概念的猛烈抨击”（Muschamp，1998，E2）。

第4章

呼唤一个新的摩西

虽然在简·雅各布斯去世之前很早就已经开始对罗伯特·摩西进行修正主义的解读（Jackson，1989；Schwartz，1993），但在她去世几个月后，这种思想重新被激活，这凸显出这两个人物在公众印象中已经密不可分，并进一步掀起关于他们持久思想遗产的争论。但对于肯特·巴威克和其他了解这种修正主义背后政治影响的人来说，“整个摩西/雅各布斯的重新审视”是由布隆伯格政府“挑起”的，布隆伯格在就职时有明确的具体议程和实施这些议程的“有意识的策略”，但完全没有准备好如何应对意想不到的障碍（Barwick，2008a）。巴威克说道：“摩西不会等到奥林匹克选拔委员会作出决定的六周前才发现一个名叫谢尔登·西尔弗的人可以扼杀他的项目，摩西会提前10年提出‘建议批准纽约喷气机队体育场的计划’，或者自己编写相关法规”（Barwick，2008a）。因此，纪念雅各布斯的同时修复摩西形象不仅不会使政府推动其雄心勃勃的重建议程的努力复杂化，还会在宣传和改变公共讨论方面发挥强大的作用。赞美雅各布斯和重新审视摩西带来了这样一种感觉：如果纽约市想要再次成功地建造大型建筑，它就必须面对并最终应对长期与摩西思想遗产相关的负面内涵，同时使其建设符合雅各布斯宜居城市理念。这样一来，学术界重新唤起了对摩西和雅各布斯的思想遗产的评估，同时，政府试图重振其早期失败后的重建议程，这并非偶然。相反，它代表了这些计划的支持者为使政府的设想和行动合法化而采取的战略举措。

事实上，随着对摩西的修正主义解读以及伴随雅各布斯去世的大量纪念活动，纽约市副市长丹尼尔·多克托罗夫和纽约市发展和规划领域中其他强有力的声音呼吁重新考虑这两位人物。他们认为，这样做可以为新时代的建筑提供意识形态案例，建筑以类似摩西的超级项目为特征，但与雅各布斯的社区多样性和活力思想相呼应。一个“向摩西学习”的专题讨论开启了为期三个月的摩西展览，多克托罗夫在这次讨论中谈道，我们要从摩西经验中应当规避的教训，实际上是不听他人建议的危害，但更重要的是，要学习他的成功之处：他的效率，“善于利用公共和私人资源和应对官僚计策陷阱”的能力，以及“超越城市生活的特殊性并将城市概念化”的能力（Wells，2007）。不久之后，参加哥谭中心辩论的纽约市代表阿曼达·波顿推动了最后一步，将这对宿敌的持久思想遗产的某些方面融合起来，认为在布隆伯格市长的领导下，纽约市正在像摩西一样建设，融合了雅各布斯的思想。

因此，在重新进行学术评估的支持下，政府逐渐不将这两个人物视为敌手，而更多地视为潜在的合作伙伴，他们的核心理念更新到现在可以是互补的：摩西，“搞定人”，能够让城市为迎接未来做好准备；雅各布斯有关小尺度的混合用途、多样性和社区建设的思想给出了解决地方性疾病的万能药。这种观点认为，将两者融合，如今的问题就可以解决。事实上，这场融合运动无缝地融入了政府对新城市崛起的叙述中，为再次大建设提供了充分的理由。在2007年接受《纽约时报》采访时，多克托罗夫回应了希拉里·巴隆3个月前在哥谭中心论坛上发表的评论。他表示，纽约市现在

> 正处于克服对过度发展恐惧的最后时期，而这种恐惧部分是由于摩西的过度发展。我们未能做太多事情的部分原因是人们过度解读了那个时期的教训。（Pogrebin，2007，p28）[1]

在此，用多克托罗夫的话来说，思考摩西在“过度开发”中的角色，以及雅各布斯在纽约市制度化规划演变中所发挥的改革作用，带来的启示起初是拒绝自上而下、规模巨大的规划和项目，后来，布隆伯格政府援引他们的思想并进行融合，帮助人们克服了“对过度开发的恐惧”。在过去40多年的时间里，这种恐惧曾一度使纽约市的规划机构陷入瘫痪。

规划的崩溃

在20世纪早期，纽约市帮助开创了“有为城市政府”（an active city government）的概念，意在通过城市实体规划塑造社会和经济环境。1916年纽约市通过了美国第一个区划法规，1938年1月，纽约城市规划委员会举行了第一次会议。该机构很快反映出了当时主流的现代主义智慧和罗伯特·摩西的影响力。在1938年11月，委员会提出持续进行贫民窟清拆是当时难以忍受的城市状况的唯一解决方案。在接下来的20年里，它的作用主要集中在监督地方政府执行旨在清拆贫民窟和推动城市更新的联邦项目的情况。1960年，委员会修订了纽约市城市区划决议，这是它在现代历史上第一个真正的里程碑，并在1969年提出了它的第一个总体规划：一份六卷本的《纽约市规划》（*Plan for New York City*）。它设定了一个雄心勃勃的发展议程，并在许多方面展望了未来几十年的发展议题。但这项规划几乎没有带来什么长期影响，事实上，没有一个提案被完成。20年后的1988年，在规划委员会成立50年之际，人们普遍认为它是一个在很大程度上无关紧要的机构，被迫与当地社区委员会、其他政府办公室和一个充满政治色彩的评估委员会（Board of Estimate）分享影响力。与此同时，普通市民开始将摩西的规划和雅各布斯在《美国大城市的死与生》中“强烈抨击”的“粗陋的战后城市更新项目”联系起来（Muschamp，1998，E2）。

更糟糕的是，随着世界贸易中心（World Trade Center）塔楼群1000万平方英尺的办公空间的竣工，在20世纪70年代初城市财政危机加深的情况下，纽约市的大规模项目开发实际上陷入了停滞。突然间，写字楼的市场不复存在——大量的可用单位供给和需求下降导致租金暴跌。曼哈顿下城没有开发任何新项目，并且炮台公园城后续发展的拟议计划也破产了，这个占地92英亩的混合用途社区计划使用从世界贸易中心遗址挖掘的120万立方英尺（1立方英尺约为0.03立方米）填充物在哈得孙河上建造，并计划通过出售住房收益债券为该项目的中等收入住房提供资金。1974年，国会通过了《住房和社区重建法案》（Housing and Community Redevelopment Act），尼克松（Nixon）政府终止了为低收入住房提供资金的联邦拨款，正如人们所知的那样，给当时的城市更新画了个句号。与此同时，纽约市的豪华住宅市场崩溃了，私人开发项目也戛然而止。在之后

20年的大部分时间里，规划委员会“实际上没有任何城市发展项目需要统筹”（Dunlap，1988，B1），迫使它把精力集中在“可行的”小规模区划和土地使用问题上，而不是影响深远的总体规划。《纽约时报》说道，“在统一土地使用审查程序（Uniform Land Use Review Procedure，ULURP）下，城市规划本身已经黯然失色”。统一土地使用审查程序是1975年由亚伯拉罕·比姆（Abraham Beame）市长在执政期间推行的标准化多步审批制度，旨在通过增加当地对规划决策的参与，限制政府权力成为“罗伯特·摩西的化身”（Dunlap，1988，B1）。直到时代广场（Times Square）改造项目的启动——这个起源于丁金斯政府的项目，在朱利安尼市长的第二任期内正式启动，这座城市才再次看到一个对城市有深远意义的项目。

但这并不意味着前几届政府不希望通过更积极的大规模规划重振这座城市。1982年，在市长埃德·科赫的第一任规划委员会主席赫伯特·施图茨（Herbert Sturz）的指挥下，纽约对曼哈顿中城西区进行了重新划分，以增加建筑密度；1988年，纽约市578英里的滨水区成为潜在的重新开发焦点，尽管目标并未明确，但有7个独立的项目同时被“慎重考虑”。当时，几乎每个区划和土地使用规划都被迫交由统一土地使用审查程序审批通过，审查通常需要6个月的时间，由当地社区委员会负责，遵循雅各布斯主张的当地居民应当参与到规划进程中的思想展开，再由纽约城市规划委员会（由7名成员组成，全部由市长任命）和评估委员会投票决定。规划界和市政府中的许多人认为其负担过重，由此导致这一过程被妖魔化为滋生官僚主义的温床，1989年，任命纽约宪章修订委员会（New York Charter Revision Commission）研究如何对这项制度进行改革。

最初，纽约宪章修订委员会提议废除评估委员会，将更大的权力移交给一个规模更大、政治色彩更少的城市规划委员会，认为市议会并非“适合决定诸如城市避难所和焚化炉的精确选址，以及是否批准个别私人开发项目特殊区划豁免等问题的主体”（Finder，1989，B3）。并提议将现有的7人规划委员会（全部由市长任命）改为11人规划委员会，其中只有4人由市长任命。规划委员会及其现任和过去的规划委员会主席对此表示反对，他们认为，作为城市的首席执行官，也就是市长，最终应该为城市规划提供指导，对谁参与这个机构有更多的发言权。随后，纽约宪章修订委员会修改了其提案，将规划委员会的成员增加到12人，其中6人由市长任命，1人由市议会议长任命，其他由各区区长各任命1人。此举被认为是一种平衡利益冲突的手段，但实际上，这将使市长在规划委员会决策斗争中拥有相当大的影响力，因为每项动议需要7票才能通过。

社区、环保组织和房地产集团强烈批评这项提案，要求通过民选而非任命的官员来做规划决策，就此，纽约宪章修订委员会再次改变立场，提议在规划委员会审查之后，涉及区划变更、城市更新计划和大部分城市持有的住宅物业的动议将提交市议会投票。此外，如果受影响的区长和当地社区委员会反对城市规划委员会的某些决定，包括对私人开发商的特别区划豁免以及庇护所和焚化炉的位置，都可以向市议会提出上诉。因此，“几乎每一个区划和土地使用提案都可以，至少有可能，由市议会审查”（Finder，1989，B3）。宪章委员会最终提出了一个13人组成的委员会，其中7人由市长任命，1人由市议会议长任命，5个区长各任命1人。这项提案在1989年11月的全民公投中向选民公布，它将允许市长否决市议会批准的土地使用事宜，但市议会可以以三分之二的票数推翻这项否决。

公投前的辩论十分激烈，反映出了在最好地平衡社区代表的愿望与项目获得批准和建设的需求方面的极端紧张性。虽然支持者认为该修订案将产生一个分两步进行的过程，确保当选官员通过一个合理的手段审查重大或有争议的土地使用提案。但在反对者中，一些人坚持认为太多的决策仍将由任命官员组成的小组作出，他们中的大多数都是市长一时心血来潮任命的；另外一些人则认为市长应该拥有更多的权力，以便给整个城市的规划提供更广阔的视角。最终，全民公投通过了该提案。1990年，一个规模更大、政治上更多元化的城市规划委员会承袭了区划的主要裁决者角色。然而，现在它的决定要由市议会进行最终审查，而不是由已解散的评估委员会进行，新的统一土地使用审查程序的整体流程由当地社区委员会、区长、区规划委员会、市议会、城市规划部和市长共同参与投票。

即使经过彻底改革的规划委员会和新的统一土地使用审查程序流程全部到位，在朱利安尼政府的最后几年，“纽约市的规划还是几乎崩溃了”，包括有限的几项提议——将洋基体育场从布朗克斯搬到曼哈顿上城西区，在总督岛（Governor’s Island）上建造一个娱乐场所，重新划分滨水制造业区域，为私人住宅开发腾出空间，并赋予百老汇剧院（Broadway theater）业主扩张开发权（Muschamp，1998，E2）。尽管这些计划规模庞大，但反映了朱利安尼市长更倾向于让政府让道，而让私人市场来决定建造什么。这些计划被严厉批评为在眼界上毫无想象力，是“漂浮在城市规划虚空中”的“无聊”想法（Muschamp，

1998，E2）。对于一些希望看到纽约市重新开始建设的人来说，雅各布斯几乎是一手摧毁了近40年的规划，虽然这可能是无意的。这些批评人士指出，尽管她的评论在20世纪60年代初发表时是令人信服的，但如今城市的社会、经济和政治基础已经发生了变化：

> 在40年以前，她可能没有预见到规划会被彻底瓦解，或者说，规划的崩溃会让公共领域在市场压力面前毫无防备。她也没有预料到“街道眼”，即充满活力的街头生活所带来的天然的犯罪威慑，会需要警察用监控摄像头来增强……这座城市目前的必胜情绪似乎有些空洞……纽约回来了，但也落后了。这座城市可能会成为后工业化时代大都市，但却连一个总体愿景都没有。（Muschamp，1998，E2）

塑造城市：纽约市的战略蓝图

随着布隆伯格在2001年就任市长，一切都发生了改变。尽管即将离任的政府倾向于支持发展，但为了保持其自由放任的发展方向，朱利安尼领导下的城市规划部并没有被视为“一个经济发展机构”。相反，它在负责监管“文化与学校”的同一个机构中降级到一个相对次要的角色，其工作主要集中在一个区：曼哈顿（Burden，2008a）。但就在布隆伯格首次宣誓就职后不久的2002年，城市规划部被置于负责经济发展的副市长丹尼尔·多克托罗夫的领导下，这标志着其在纽约市政府中角色的重要转变和总体规划的重生。[2]多克托罗夫在新政府中的首要任务之一就是为这座城市制定一项长期战略规划。根据多克托罗夫的说法，一开始只是一个简单的土地使用规划，由于面临为城市基本职能寻找空间的挑战，迅速演变成一个以经济发展为根本目标的面向未来的长期增长规划，成为纽约市规划工作的驱动力。在政府看来，城市物理问题的“所有解决方案”是联系在一起的（Doctoroff，2009），由此产生的规划是新兴政府叙事的一部分，该叙事侧重于城市的长期可持续性。该规划由多克托罗夫领导的可持续发展咨询委员会（Sustainability Advisory Board）起草，遵循着波顿概述的六项核心原则（Burden，2009，2008a，2007a）：

（1）纽约正尽其所能与巴黎、伦敦、东京、新加坡、上海和其他全球城市在快速发展的、充满竞争的全球经济中竞争。

（2）纽约市以一种可持续的、有环保意识的方式发展——这一概念催生了规划中的第二个规划："纽约2030规划"，该规划在2007年"地球日"高调宣布启动，极具象征意义。"可持续性是什么意思?"多克托罗夫会问。"对我们来说，这几乎意味着一项神圣的义务，即给后代留下一个比我们今天居住的城市更清洁、更健康、更繁荣的城市"（Doctoroff，2009）。

（3）纽约市是一个由社区组成的城市——有188个不同的社区，它们的特征是"需要受到保护"，这与简·雅各布斯被广泛接受的智慧相一致。

（4）在密集的建成环境中，纽约市应该努力创造"标志性地点"，以"创造伟大的场所"。这不是零碎地发展个别、孤立的项目，而是通过总体规划构建综合性的、标志性的场所。

（5）让城市"重新占领"其在历史上一直被用作工业用地的广阔滨水区，并通过发展公共空间来"振兴街道"。这是另一个非常雅各布斯的概念。[3]

（6）"设计很重要"，"建筑的卓越是良好的经济发展"。

该规划在规模上雄心勃勃，让人联想到过去的时代，而作为市长发展议程的总设计师，多克托罗夫成为新摩西的代言人（Wells，2007）。据肯特·巴威克所说："布隆伯格政府的激进领导，尤其是丹尼尔·多克托罗夫，让人把他和摩西进行比较——既有赞赏，也有反对——这也不可避免地导致了对简·雅各布斯的援引"（Barwick，2008b）。[4]巴威克接着说，"虽然多克托罗夫私下里可能很高兴将自己比作摩西，但我认为他没有太多时间或兴趣建构学术讨论"（Barwick，2008b）。相反，像摩西一样，多克托罗夫希望项目得以建成，而摩西的复兴被布隆伯格政府视为"围绕城市下一个形态展开的政治斗争"（Smith and Larson，2007）中的一个重要的象征性步骤。

虽然多克托罗夫宣扬政府的计划是有远见的，但在许多方面，这些计划源于他们多年来一直奉行的战略，即通过有利于商业环境的后工业扩张确保纽约作为世界领先城市的地位，这一目标已成为科赫政府以来历届市政府反复关注的焦点。科赫政府在20世纪80年代末期任命了一个委员会，为2000年“城市崛起”制定了自己的远景规划。20世纪90年代初，丁金斯政府总结了这种规划政策的方法，宣称“纽约市扩大机遇、消除贫困的最佳前景是保持其作为金融和先进商业服务、通信和艺术产业的全球领导者地位，这些产业带动着城市的经济发展”（New York City Planning Commission，1993，p3）。

更早些时候，20世纪70年代财政危机的瘫痪效应创造了一个“关键转折点”，形成了一个由“房地产开发商、保守派理论家和企业高管”组成的地方联盟——正是这些人控制着这些经济部门。他们打着确保城市的长期竞争力和经济增长的幌子，按照更符合他们喜好的路线而不是近几十年间自由主义和劳工行动所推动的路线来重塑纽约（Freeman，2000，p258）。这些发展精英们和被人类学家朱利安·布拉什称为“跨国资本阶层”的全球一体化纽约派系试图影响和合理化城市发展、交通、基础设施和经济政策，以“重塑他们所处的环境”（Brash，2006，p39，p133）。这项事业成功的关键是对他们的诉求进行合理化和正规化，为此他们效仿摩西40多年的做法，依托更大利益的说辞：

> 全球高管的意识形态形象通过将其（跨国资本阶层）成员的主导地位植根于事物的自然秩序，从而使他们不断增加的财富和权力合法化……即使它向我们保证我们会得到良好的管理:使用这种巨大权利将受到对文化多样性和专业知识的尊重以及社会责任感的制约。
>
> ……根据这一意象塑造城市，特别是在增强城市竞争全球投资的能力的目标下，纽约的跨国资本阶层成员可以声称他们正在追求整个城市的繁荣，即使他们正是被追逐的全球资本的所有者，并从中增强了自己的利益。（Brash，2006，pp144–145）

在一个循环的、自我永续的过程中，布拉什认为，会导致结果的自然化，这种重塑城市的尝试是由联盟精英巩固自身权力的欲望所驱动的。他们通过“残酷竞争”招聘受过良好教育的、高薪的专业人士，作为专业管理阶层（professional-managerial class，PMC）来经营跨国公司，这反过来又吸引了额外的“增长型行业中的高利润业务”，并赋予专业管理阶层在制定当地经济和发展政策中的“特权角色”（Brash，2006，pp149–150）。与此同时，城市房地产驱动的传统增长联盟的努力有助于扩大专业管理阶层的人口规模和高昂姿态，反过来又为城市发展政策创造持续的动力，这些政策被认为符合该群体的偏好。而这又反过来深化了城市经济和建筑环境的后工业转型，进一步提高了管理阶层的地位和知名度（Brash，2006，p151）。正如布拉什所指出的，这些精英们在布隆伯格身上找到了一个天然的盟友——这位企业首席执行官、亿万富翁出身的政治家，在城市治理和经济发展方面受私营部门启发，采用了技术官僚式方法，这与这座城市不断变化的阶层结构有着内在的联系。在政府内部，市政府被视为一个公司，而城市则被视为一个品牌产品，“以牺牲其他阶层为代价，优先考虑某些阶层派系的利益和体验”（Brash，2006，p7）。

在这个强大的意识形态上的合伙人怂恿下，纽约市的城市开发精英们进行了自摩西时代后未曾有过的规模和范围的地方建设。但到2008年仲夏，即他的第二个任期——也可能是最后一个任期——结束前18个多月时，这些商界领袖和企业巨头已经开始寻找接班者，他们认为布隆伯格市长的财政独立、无党派从属关系、企业化的管理风格开辟了一个繁荣发展的新时代，他们希望看到这种情景继续下去。纽约市的商业领袖迈克尔·巴巴罗（Michael Barbaro）写道：

> 当然，既得利益者想要招募一位像布隆伯格这样的自己人竞选市长。布隆伯格政府被认为是许多公司的盟友，尤其开发商。在他的监督下，重新规划项目已经为这座城市的新建筑开辟了大片区域。尤其是，布隆伯格先生与这座城市的许多精英在同行；他为他们履行职责，他们也为他履行职责；他为他们的事业付出，他们也会给他回报。（Barbaro，2008）

由于担心找不到这样的继任者以及回归党派治理可能带来的后果，一些人建议发起一场运动，推翻限制市长任期两届的法律，声称8年太短了，无法执行布隆伯格的全面重建议程。与此同时，布隆伯格和政府成员以“对时间和对未来政府可能取消或破坏他的许多举措的敏锐意识”为由，“加大努力推动一些项目，并通过立法使其政治遗产更难被撤销”，巴巴罗如是写道（Barbaro，2008）。许多开发商，尤其是那些从构想到完工可能长达数十年的大型项目的开发商，以及那些财富取决于房地产长期前景的地产大亨支持这一观点。2008年5月初，市议会批准了一项法案，将长期规划和可持续发展办公室（Office of Long-Term

Planning and Sustainability）设为常驻机构（该机构的设立是为了制定和实施政府的“纽约2030规划”），并规定每四年换届一次，以确保可持续性仍然是未来市政的优先事项，无论谁成为市长（Doctoroff，2009）。最终，在这些企业精英的支持下，布隆伯格利用2008年年末的经济危机，成功地推翻了限制市长只能连任两届的法律。在2009年11月，他赢得了第三届连任。

打破发展僵局

总之，在近40年、4个不同市长时代的过程中，传统智慧认为，良好的商业环境等于后工业化、以办公室为基础、面向全球的纽约市的扩张。在这一过程中，城市政府通过税收减免、区划和优先事项支出，甚至以牺牲所剩无几的工业经济和工人阶层为代价来缩减社会项目，从而营造必要的环境，以最好地服务于其公民（Brash，2006；Freeman，2000）。例如，即使在20世纪70年代财政危机的预算削减时期，历届政府也制订了通过重建曼哈顿中城远西区来扩大城市中央商务区的计划。这些努力将在随后的几年重新出现，其中的核心组成部分，也是最大胆的努力，是由朱利安尼政府提出的，布隆伯格一心一意追求的——将2012年夏季奥运会带到纽约的计划。[5]从战略上讲，纽约支持发展的精英将奥运会视为发展项目的“一种强制机制”或“新生契机”，“会让精英发展议程的实施越过正常的民主程序获得批准”（Brash，2006，p75）。尽管这些努力失败了，但布隆伯格政府激活了重新开发哈得孙广场的想法，并将其纳入政府如今仍在不断发展的土地利用规划中，带来了纽约历史上最大的两项重新区划项目——位于布鲁克林的绿点/威廉斯堡（Greenpoint/Williamsburg）滨水区和曼哈顿的远西区。按照政府的说法，这些最初的区划调整，以及对大西洋广场和当时正在进行的其他大型开发项目的支持，“旨在重振未充分利用的土地，以促进经济发展，扩大该市的财产税基础”。这些计划“在一定程度上，是通过将其与纽约申办2012年奥运会的时间表联系起来而实现的”（Roberts，2006，p39）。

2006年11月，多克托罗夫告诉《纽约时报》，他认为奥运会“是推动更长远规划的一种工具，否则地方政府很少有资源或远见来实施这种规划”（Roberts，2006，p39）。他承认，参与申奥竞争的最终目的，是为曼哈顿西区和皇后区部分地区的发展以及纽约市交通网络的振兴创造条件。几年前，一个名为“35人集团”（Group of 35）的组织就明确提出了这些需求。该组织由商业、政治和劳工领袖组成，由参议员查克·舒默（Chuck Schumer）和克林顿时期的前财政部长罗伯特·鲁宾（Robert Rubin）召集成立。2001年，该组织警告说，纽约市的长期经济增长将受到办公空间严重缺乏的限制，并主张通过使用土地征用权以及为开发商提供税收减免来打破发展僵局。4年后，舒默再次呼吁道：

> 20世纪初，纽约建成了地铁系统和大中央车站这样的大型公共工程。从30年代末到60年代，我们建造了高速公路系统、林肯中心和世界贸易中心。但近50年来，这座城市没有建造过一项大型公共工程。为什么？我认为一种惰性文化已经形成。批评压倒了建设；批评家比那些试图建设的人更受重视。（Schumer 2005）

“35人集团”的报告对阻碍先前大规模开发工作（包括建设炮台公园城）的政治内讧和特殊影响力的兜售进行了批判性评估——这将对布隆布格政府的土地使用议程产生强大的影响（Burden，2007b）。在某种程度上，它也被用作摩西复兴的一个重要的早期宣传，进而为大项目开发的新时代做准备。另一个具有关键影响的文件是1969年的全面总体规划。对于布隆伯格政府官员来说，该规划代表了“振奋人心”的哲学以及一系列改造城市的想法，他们召集了许多当时该规划的贡献者，帮助协调纽约市2012年奥运会申办工作和哈得孙广场项目，包括亚历山大·加文、建筑师亚历山大·库珀（他与斯坦顿·埃克斯图特一起做了炮台公园城的总体规划）、杰奎琳·罗伯逊（Jacquelin Robertson），以及市场传媒主管杰伊·克里格尔。但1969年规划并没有任何实质性的落实——这为布隆布格政府提供了宝贵的教训，多克托罗夫说：“1969年规划中所有提议几乎都没有得到实施。”因此，政府郑重宣告不会提出无法确定资金来源或实际实施的“单一提案”，并“在项目宣布后立即开始实施”（Doctoroff，2009）。

然而，这种大规划的回归几乎立即重新唤起了摩西时代的景象，并引发了反对，其中包括一些来自熟悉但仍然令人生畏的角落的人。当该市重新规划绿点/威廉斯堡滨水区的提案提交市议会审议时，简·雅各布斯也加入了讨论，给布隆伯格市长写了一封信，并发表在当地的《布鲁克林铁路》（*Brooklyn Rail*）上。在这封信中，1968年移居加拿大并在多伦多生活了近40年的雅各布斯主张支持当地社区的替代性规划，认为该规划提供了可负担住房、学校、日托所和娱乐设施，而不违反社区现有的规模，这将鼓励“视觉和经济”特征，吸引艺术家和其他现场工作的手工艺者，从而引发“自发和自组织的更新”（Jacobs，2005）。[6]在对该社区的替代规划不会“破坏”该社区现有要素的各种方式进行了分类之后，一贯尖酸刻薄的雅各布斯将矛头指向了政府的规划：

> 政府工作人员交到您面前的提案是一个包含所有破坏性后果的炸药包，用视觉上令人厌倦、缺乏想象力和仿造的豪华项目将高楼鬼鬼祟祟地包装起来。多么奇怪、多么可悲的是，纽约，它已被证实的成功经验启迪了世界上那么多的人，却似乎不能从中吸取它自己所需要的教训。我将满怀信心地做两个预测：（1）如果您按照社区的规划去做，您将会获得成功；（2）如果您今天遵循您面前的提案，您可能会使个别不顾后果的、无知的开发商致富，但代价是一个丑陋和棘手的错误。即使是这些政府权力滥用的假定受益者——豪华大厦的开发商和金融家——也可能不会从中受益；被滥用的环境并不是好的长期经济赌注。
>
> 来吧，做正确的事。社区确实知道得最多。（Jacobs，2005）

巴威克承认，在绿点/威廉斯堡的重新规划和重建计划上，他与布隆伯格政府有严重分歧，指责其有意忽视公众的意见。他认为，多克托罗夫能够阻止开发商进入城市所有的土地，并威胁他们，如果不服从城市的指令，就将他们拒之门外（Barwick，2008b）。此外，纽约市预见到了未来的政治斗争，并直接借用摩西的剧本，开展了一场运动，“将反对特定开发项目的行为归咎于下意识的情绪反应，而不是理性分析或深思熟虑的政治判断，从而使其不合法化”（Brash，2006，p56）。在运动中，代表摩西的修正主义学术声音建议大规模的发展——由一个了解城市的长期需要，并拥有远见和手段的、为城市的未来成功努力的政府推动——这与布隆伯格政府的雄心壮志完美契合。事实上，政界与学术界志同道合的人物建立了联系，在某些情况下，政府甚至招募城市学者和知识分子，帮助其制定再开发政策以及这些政策背后的叙述。[7]这场运动的一个重要部分将是说服警惕的民众，使其即使不接受摩西的遗产，至少也要重新考虑。

第 5 章

规划和对威胁的叙述

规划被认为是关于未来宏大叙事的创造，是“描述理想世界模式的故事结构”（Mandelbaum，1991，p210），是将拟议项目和重建计划背后的逻辑规范化和合理化的一种手段（Dear，1989；Throgmorton，1992）。从这个角度出发，规划师成为“积极构建事件观点的作者”，其他人“解读”其观点，尽管有时会以“多样的、常常相互冲突的方式”（Mandelbaum，1991，p211）。由于规划经常面对有争议的领域，各种对抗性的叙事为合法性和支持度而被迫相互竞争，任何特定规划的发起人都面临一个挑战，那就是通过制定卓越的叙事，说服更广大的公众相信他们的规划才是未来的首选愿景。在一个将结构建立在科学理性的所谓严谨性之上的社会中，这些普遍出现的基于“事实体系构建”的经验主义愿景，将不可避免地导致一个由冷静的专家和权威的程序确定的单一“真理”，正如我们所确信的一样（Mandelbaum，1991，p211）。事实上，规划作为一种实践可以“提炼成一种说服机制的练习”，其目标是“是”，或者换句话说，达到成功的“专业碰撞”（Dear，1989，p456）。非规划师，或那些没有资格参与规划制定或推广的人，被告知“放弃对他们回忆的控制”，而让那些扮演“道德守护者”角色的人（Mandelbaum，1991，p212）凭借所掌握的专业知识赋予的资格，为更大的利益规定正确的行动，并以无法定义的“公共利益”名义行事（Dear，1989，p459）。

当然，罗伯特·摩西是这种建立真理模式的特别有为的实践者，如果说“好的规划是对未来有说服力的叙事”（Throgmorton，1992，p17），那么他是一个特别成功的讲故事者。他不仅用欺骗手段扫清了“通往权力的道路”（Kidder，2008，p257），而且在当上了所管理的各种委员会的负责人后，他还召集了“专家”；他们所谓的科学严谨性不仅体现了现代主义时代，还帮助推销了更多的乌托邦观念。在推进他的议程时，摩西依靠房地产、金融、建筑和工程领域的专家，以“详细的计划、施工进度和财务计算”的形式，以大量难以理解的数据为装饰，创造了一个高超的叙事，然后包装在精美的营销手册中（Ballon，2007，p99）。不出所料，他选择的专家们，如欧洲防务司令部联合建设署（Joint Construction Agency，part of the European Command）的前主任乔治·诺尔德（George Nold）将军，分享了摩西的技术、工程和管理导向的更新方法（Ballon，2007，p108），他们帮助创作的故事让摩西的项目——巴隆称之为“未经检验的城市主义实验”——看起来像是已经完成的交易，“无可辩驳的常规项目”（Ballon，2007，p99）。在很大程度上，摩西的目标受众不是公众（在他看来公众是无关紧要的），而是城市的政治和商业领袖，如果没有他们的支持，他的议程将不会有任何进展（Ballon，2007，p100）。摩西的方法特点还在于自由地使用创造性假设，并将其作为事实，例如使用预测的房地产转售价格——正如巴隆所指出的，这只不过是“猜测”（Ballon，2007，p100），而不是市场价值确定的更新地点的减记。

很大程度上，由于摩西对规划叙事的掌控能力，以及雅各布斯时代对其反抗的最终影响，使得当代公共工程和其他大型建筑项目的支持者在获准建造之前，要面临监管的繁文缛节、预算压力和社区介入的多重挑战。为了克服这些障碍，推动项目和长期发展计划顺利实施，许多开发商、规划师、政治家和其他增长联盟的支持者已经学会了玩“马基雅维利式（Machiavellian）”的欺骗游戏。这些游戏严重依赖摩西式的修辞结构（Flyvberg，2005，p50）：凭借其自我辩解性叙述［弗莱夫伯格（Flyvberg）将其定义为“一个低估成本、高估收入、高估当地发展影响和低估环境影响的幻想世界”］，他们着手建立项目的合法性，并有效地推销项目的逻辑和价值——甚至是绝对必要性（Flyvberg，2005，p50）。

在最近的纽约城市规划历史上，有一种试图克服反对意见的屡试不爽的策略，尽管并不总是成功的，那就是断言城市的未来取决于具体项目或规划的成功实施。2008年7月，在纽约城市博物馆关于西街（Westway）的平行讨论中，谈到了当年罗伯特·摩西计划耗资21亿美元将纽约西城高速公路改到地下并在其位置上建造一个公园的例子，一位为挫败该提案而斗争了14年的律师阿尔伯特·巴策尔（Albert Butzel）谈到了这个项目是如何被营销为改变城市的公共工程的，他回忆道，“当时有人说，如果没有这个项目，这座城市就不能发展，也不能成为一个伟大的城市，反对派就这么被边缘化了”（Butzel，2008）。这种说法体现出一种巴策尔所定义的趋势，即过去和现在的纽约市政府和规划机构都倾向于将项目推销为对未来“至关重要”，并警告称，如果不建造这些项目，城市“将崩溃”（Butzel，2008）。[1]

随着时间的推移，这种威胁叙述已经演变为一个强有力的主题——凸显了从摩西到简·雅各布斯和罗伯特·卡罗、再到舒默“35人集团”论述的连续性——他们都将为城市及其居民作出具有生死攸关影响的决定。对摩西来说，威胁以衰败落后的形式出现，只要让纽约人相信他考虑到了这座城市和他们未来的最大利益，“权力掮客”就可以规划并进行创造性破坏并免于惩罚，而所有批评都被边缘化为无知者和怀疑者的论调。最终，雅各布斯得以反驳摩西叙述的武器是她断言正是摩西和其他现代主义规划师胡乱干预了社区的自然节律和设计，使城市无法居住。很快，罗伯特·卡罗、马歇尔·伯曼和其他评论家纷纷效仿，改写了“‘建造者大鲍勃’（Big Bob the Builder）的剧情，让他在他们自己创作的‘人民vs规划师’中扮演主要反派”（Fishman，2007，p123）。

无论基于哪个时代或哪个特定的城市愿景，这种威胁叙述的根本前提始终是城市处于围困之中，其生存能力已经变得前途叵测，这是由于恶势力、官僚无能、想法过时、经济衰败引起的惰性，以及需要立即采取果断行动应对的彻底萎靡不振等问题的综合作用所导致的。随着时间的推移，这些威胁出现的方向和强度，以及应对它们的适当措施都已经发生了变化。但这些危险和随后需要通过规划来应对的需求始终存在。

1996年，随着罗伯特·雅罗（Robert Yaro）和托尼·希斯（Tony Hiss）为区域规划协会编写的《风险地区：纽约-新泽西-康涅狄格大都会区的第三次区域规划》出版，这种威胁叙述呈现出一种特别明确和地域广泛的形式。区域规划协会是一个非营利性规划组织，其使命如《风险地区》的封底页所述，是“为了提高纽约周边地区的生活质量和经济竞争力”（Yaro and Hiss，1996）。[2]在1989—1992年的经济衰退和随之而来的漫长而缓慢的复苏过程背景下，基于“新的全球趋势从根本上改变了纽约在国家和全球的地位”，《风险地区》的制定者从雅各布斯和摩西身上汲取了大量灵感，推动了一种新的后工业形式的城市主义，旨在提高该地区的竞争力（Regional Plan Association，2012）。因此，《风险地区》将成为布隆伯格政府的重要先驱，不仅影响了其推进雄心勃勃的重建议程的方式，也影响了其为此动用雅各布斯和摩西的行动。

风险地区

随着1989—1992年经济衰退的持续影响，促使规划师重新考虑指导了之前城市环境塑造尝试的某些假设。《风险地区》的作者推测，“成功不再是保证，该地区未来的新规划不应是管理不可避免的增长，而是寻找新的方式刺激不确定的增长”（Yaro and Hiss，1996，pxix）。他们得出结论，要实现这一目标，至少需要“10年的区域塑造投资”（p41）作为“在全球竞争的新格局中建设该区域经济”的手段（pxix）。

毫不奇怪，这项评估的经济重点促成了一项商业友好计划，该计划共同代表了该地区企业领袖和增长联盟成员的意愿。来自8个关键行业部门的商界领袖受到区域规划协会的邀请，就如何最好地“解决全球经济中区域竞争力的困境”提出了各自的见解（Yaro and Hiss，1996，p9）。在制定该规划时，区域规划协会的执行委员会包括：主席加里·温特（Gary C. Wendt），通用电气资本（GE Capital）首席执行官；副主席阿里斯蒂德·格鲁吉亚（Aristides W. Georganas），新泽西州化学银行（Chemical Bank，New Jersey）首席执行官兼主席；布鲁斯·沃里克（Bruce L. Warwick），美国最大的私人房地产开发公司之一Galbreath公司执行副总裁；克里斯托弗·达格特（J. Christopher Daggett），全球商业银行William E. Simon and Sons董事总经理；以及昆尼皮亚克大学（Quinnipiac University）校长约翰·拉希（John L. Lahey）。其全体董事会有54名成员，代表一系列金融服务、建筑实体、媒体机构、房地产公司、能源公司和制药公司，以及美国州、县和市政雇员联合会（American Federation of State，County and Municipal Employees）、全国少数族裔供应商发展委员会（National Minority Supplier Development Council）、美国教师联合会（United Federation of Teachers），以及6家地区学术机构的代表。

顾名思义，《第三次区域规划》并不是区域规划协会第一次尝试为纽约大都会区制定长期、全面的蓝图（Regional Plan Association，2012）。1929年，该组织，当时叫纽约及其周边地区规划委员会，提出了“世界上第一个长期都市规划”，其前提是纽约都市圈的人口将在1965年翻一番，达到2000万（Yaro and Hiss，1996，p1）。[3]正如《风险地区》导言所指出的那样，它（1929年规划）的议程集中在高速公路、桥梁、园林道路、公园的建设，以及“创建新型城市和郊区社区的提议”——尽管它招致了一些知名人士的批评，事实证明，它成功地提供了一个规划框架，让“建筑大师罗伯特·摩西、奥斯汀·托宾（Austin Tobin）和小约翰·洛克菲勒（John D. Rockefeller, Jr.）”可以为他们的项目争取联邦资金（Yaro and Hiss，1996，p2）。[4]

1968年，第二次区域规划完成了，该规划以特定的方式应对第一个规划以汽车为导向所造成的后果——郊区的蔓延和城市的衰落。

《风险地区》的导言也承认，区域规划协会的每个规划都有其独特的规划和政治经济环境。尽管这些规划的宽泛框架——在重大的人口增长和周期性经济危机时期，地区重点关注经济扩张和绿色空间保护——从过去的规划范式中汲取了灵感，并从根本上保持了一致，但每个规划都是基于地理和历史的特定背景而制定的。这不仅在经济格局方面，而且在政治和规划动态方面都有重要的影响。

正如《风险地区》中详细说明的那样，制定第三次规划的研究人员和作者在一个“单项型战略规划”占主导地位的时代工作，联邦权力和资金正在迅速转移到各州和地区，作为向新自由主义政策更大转变的一部分（Yaro and Hiss，1996，p2）。作者写道，“目前的做法呈现出非常现实的危险，因为国家政府将取消其对城市中心以及穷人和老年人需求的责任”（p2）。因此，《风险地区》代表了其作者认为与当时的惯例“彻底背离”的东西。通过提出一个全面、长期的路径来规划该地区的经济（economy）、公平（equity）和环境（environment）——他们称之为“3E”，该规划的起草者试图重申在通信技术进步和全球经济崛起的时代，该地区“制定自己的发展路线的能力”。在这个时代中，“曾经是区域经济支柱的公司，甚至整个行业，不再‘被束缚’在这里”（pp2–3），并且“在这个后冷战、管制放松、互联网普及和相互联系的世界中”——这些全球企业“可以随时收拾行装，前往下一个尚未被占据的地方”（p9）。

雅罗和希斯警告说，这场迫在眉睫的风暴的威胁是直接的，而且可能是灾难性的。他们指出，在1989年至1992年的衰退中，该地区失去了77万个工作岗位，“在关键行业部门（包括商业服务、媒体、通信和先进制造业）中，国民产出损失份额”几乎达到四分之一，他们认为，“未来几年的温和增长可能标志着一场长期、缓慢、可能是不可逆转的悲剧性衰退的开始”（Yaro and Hiss，1996，pp5–7）。交通拥堵、环境恶化、城市无序蔓延、基础设施不足以及人力资本投资不足，都导致纽约在全球经济中的竞争越来越无力。其他担忧包括“流动的”经济状况，“全球竞争、产业结构调整和移民造成的就业前景变化；贫困的中心城区和近郊区与富裕的远郊区之间的差距日益扩大”；种族和社会两极分化；低技能就业机会数量的减少；中产阶层收入停滞不前；以及由“以汽车为导向的分散式增长导致的”交通拥堵（p11）。

通过强调更广泛的地理背景，区域规划协会试图利用规划正统观念在规模方面的新转变。在20世纪的最后10年，全国各地的规划者都认为，鉴于旧城中心与其周边郊区之间的经济、基础设施、文化联系，解决其中一个地区或另一个地区问题的方法需要一体化整合和区域性视角（Fishman，2000）。《风险地区》的制定者争辩说，如果没有摩西几十年前倡导的那种大都市范围内的“合作、竞争力和投资”的复兴，大纽约市地区的公民将面临“增长放缓和繁荣衰退”（Yaro and Hiss，1996，p6）。

然而，通过设定一个世界末日的场景，两位作者也为潜在的拯救创造了条件。一个可持续的“替代性未来是可能的，”他们坚称，“因为转型的世界经济蕴含着新的机遇”，以及纽约大都会区在抓住这些机遇方面具有相对优势（Yaro and Hiss，1996，p8）。作者写道，为了“重新夺回该地区的希望”，有必要将其“重新连接”到三个基本且“相互关联”的基础上——经济、公平和环境——这些基础共同构成了“我们生活质量的组成部分”（p6）。作者提出的解决方案将是“在我们的优势之上通过投资和政策来重建‘3E’，而不是只关注其中一个‘E’，而损害其他‘E’的利益”（p6）。作者认为，当时过于强调经济发展，导致了“跨境竞争，因为该地区的国家试图在零和游戏中相互窃取企业”（p6）。他们声称，在这场游戏中，失败是一种解决日益恶化的社会弊病的有效方法，而这些弊病原来只能通过一个没有把受助者纳入经济主流的“膨胀的”福利体系来应对，或者通过制定一个应对日益令人担忧的环境问题的有意义的长期规划来解决（p6）。

不过，在他们看来，在经济全球化的背景下，纽约市在利用现有优势为未来建设基础设施方面处于特别有利的地位：其文化艺术机构、大学和研究中心“为广告、广播和出版等以创意为基础的产业继续保持领导地位奠定了基础”。尽管存在城市蔓延问题，该地区仍然“高度集中，紧凑发展”，其经济核心是一个不断扩大的中央商务区，“包括布鲁克林市中心、长岛市（Long Island City）和泽西（Jersey）滨水区”（Yaro and Hiss，1996，p8）。作者写道，“随着市场范围从关注全国转变为关注全世界——由全球信息传输、生产和分销网络联系在一起，并通过商品和服务贸易的自由化协议赋予新的范围，以知识为基础的世界城市已成为高附加值产品设计、管理和高附加值产品金融服务的全球中心”（p27）。他们断言，曼哈顿已经成为“全球化公司的集中地”——这是“该地区的核心”——像磁铁一样吸引了更多的国际公司，但全球竞争力需要高技能员工，而这些员工“被一个世界城市地区所吸引不仅取决于它的经济机会，还取决于它的生活质量”（p30）。

可以肯定的是，这座城市已经从这种“经济结构转型”以及由此产生的高价值产业集聚中受益匪浅。该研究指出，在1970年至1989年间，该地区的就业人数从790万跃升至950万，几乎所有增长都发生在1977年之后，42万个新工作岗位集中在纽约市，这是“国际贸易和全球市场一体化的加速时期”（Yaro and Hiss，1996，p28）。在制定该规划时，该地区的证券交易量约占总量的50%，1994年超过3万亿美元，“在纽约证券交易所上市的外国公司比在伦敦或法兰克福、巴黎和东京的总和还要多”（p27）。当时，最大的20家国际律师事务所中有12家，以及最大的6家会计师事务所中有5家总部位于纽约市（p27），“高级白领技能”——行政、管理、专业和技术职位——占1980年至1990年间新增就业岗位的四分之三（p30）。在为自身及其所依赖的系统提供动力的循环过程中，“技术提高了劳动力所需的技能水平，并创造了对商品和服务的新需求——通过提高生产力和实际收入，并产生新的产品消费”（p30）。反过来，那些具备这些技能的经验丰富的高薪劳动力，其需求和奇思妙想可以衍生出对一系列“面对面”服务的更大需求——医疗保健、个人护理、娱乐——这些服务不能外包或通过技术取代，因此可以提供额外的工作和收入（p33）。

然而，由于过度依赖华尔街（Wall Street）和市中心的公司职能来激发区域活力，这座城市的经济和它渴望提升的生活质量仍然特别容易受到全球经济相关波动的影响，而这种敏感性又反过来传递到周边郊区。周期性的衰退和全球经济萧条经常会导致收入大幅下降，以及从该地区的“震中”向外扩散的公司规模缩小和裁员。例如，从1989年到1992年，一场“全球范围的房地产和股票市场崩溃”意味着77万人失业，占该地区总就业人数的8%；其中42%位于城市。由于全球驱动的成本竞争力和股东价值提升，传统经济制造业工作岗位在减少，“劳动关系向短期雇佣合同和绩效薪酬”重组（《风险地区》指出），与此同时，对“以知识、人脉和虚拟办公技术进行交易的高技能独立专业人才队伍”的需求增加，这加剧了“沙漏经济”，而中产阶层的收入和机会受到始于20世纪70年代导致贫富差距扩大的同样因素的挤压（Yaro and Hiss，1996，p34）。从1979年到1989年，该地区最富有的五分之一家庭的收入增长了40%，而最贫穷的五分之一家庭的收入仅增长了7%。该研究推测，对工资和就业的最大影响来自“技术变革取代了常规劳动，提高了具有更高认知和技术技能的工人的生产力和议价能力”。在20世纪80年代，该研究继续进行，“超过100万管理人员、专业人员和技术人员”被添加到该地区的工资单中，“而主要需要手工技能的工作……减少了14万”（p51）。该研究警告说，随着制造业工作岗位持续减少，“继续落后于国民经济表现，到2005年，该地区可能会失去59万个原本可以创造的工作岗位”（p32）。

为了更好地了解该地区的相对优势和劣势，区域规划协会和经济咨询公司（DRI/McGraw-Hill）聘请了金融、商业和媒体服务；艺术、文化和旅游；生物医学；运输和配送；先进机械和系统以及时尚领域的“行业领导者”，以求“在协作过程中确定行业优先事项并制定应对竞争挑战的战略”（Yaro and Hiss，1996，p35）。毫不奇怪，这一面向全球的、主要由白领行业领袖组成的精英群体推荐了优先考虑他们需求的规划方案和战略，从降低监管壁垒和提升劳动力技能，到留住和吸引高技能专业人才（这部分上是通过提高该地区的生活质量来实现的）（p36）。作者指出，“由于吸引和留住创造型人才的能力一再被列为我们大多数主导产业的主要竞争问题，因此提高该地区的生活质量显然是一个主要的竞争优先事项”。至于什么构成生活质量，区域规划协会求助于昆尼皮亚克大学民意调查研究所（Quinnipiac University Polling Institute）对当地居民进行了调查。调查发现，安全的街道和强大的社区和街区——这些简·雅各布斯一直以来呼吁的核心概念排名最高，其次是强大的金融机构和良好的公立学校（p38）。因此，使城市更安全、对“高价值产业”及其主要是白领的潜在劳动力更具吸引力将成为第三次区域规划的核心重点，其核心战略被构想为“巩固该地区的生活质量和竞争力”，作为引导“我们进入21世纪时实现可持续增长”的手段。

以生活质量作为竞争优势

在这方面的关键建议中，有一项是区域规划协会称之为“绿草地”（Greensward）的倡议。作为继罗伯特·摩西时代和弗雷德里克·劳·奥姆斯特德（Frederick Law Olmsted）[纽约市中央公园（Central Park）和展望公园（Prospect Park）的设计师] 时代后的第三轮“城市景观和城市公园建设”（Yaro and Hiss，1996，p101），“绿草地”在城市环境保护和经济发展中起到了同等重要的作用。[5]它有三个核心组成部分:（1）创建11个区域保护区；（2）对城市公园和公共空间进行再投资，创建绿道网络或连接开放空间走廊；（3）在这些项目中，有可能创建“引人注目的新滨水区公园”，包括布鲁克林大桥公园（Brooklyn Bridge Park）（p101）。在该倡议中，未来的增长将受到限制，以“保护该地区的森林、水域、河口和农场绿色基础设施”。增长将不是从纽约市和周边大都市区向外扩张，而是集中在城市内部，关注现有的就业和居住中心，并通过增加交通举措来改善流动性、重振交通基础设施、加强节点地区的连接。

对劳动力技能培训的投资将增强该地区的经济活力，使更多居民能够加入主流社会，而新的治理形式将激发和重组政治和民间机构。精心设计的“公园、游乐场和街景”将有助于使城市“宜居并对居民和企业有吸引力”（Yaro and Hiss，1996，p14）。总计5万英亩的棕地——“废弃和未充分利用”的滨水区、剩余的工业用地和垃圾填埋场，将被重新开发（p15）。“交通友好”倡议，包括开发一个区域综合铁路网以消除由于当时三大不同实体运营7个独立铁路系统造成的隔离和低效，同时开展的“曼哈顿中城和下城区的设计改进”，将再次凸显作为地区经济支柱的纽约市传统商业区。同样，中央商务区——实质上是从中城南部开始的曼哈顿半个市中心——将通过以下措施得到加强：“协调运输计划，将曼哈顿下城与地区铁路连接起来，努力确保该地区的全球金融中心定位”，扩展中城的公共交通从联合国大厦到哈得孙河和南部的贾维茨中心，并为公众提供更好到达哈得孙河滨水区的道路（p120）。

为了与当时的新自由主义正统思想保持一致，并强调将联邦项目的资助责任越来越多地转移到州和市，一个被《风险地区》称为“目前流行的最新联邦制”（Yaro and Hiss，1996，p40）的计划承认“普遍蔑视大而遥远的政府”，这导致区域规划协会回避提议组建一个“大都会政府”来监督其提议的转型。[6]相反，它将政府举措集中于如何实现“使现有当局的活动合理化、保持支出计划在‘适当规模’和鼓励市政府间的服务共享，并支持更有效的州和地区土地利用规划项目”（p17）。该规划承认，在这样一个资源短缺的环境下追求公园扩建的新时代，“创新”战略至关重要。[7]该规划提出的可为城市公园提供资金和维护的选择包括房地产转让税，与房地产价格上涨和公园改善区相关的房产税附加费，以及被区域规划协会认为在中央公园、布鲁克林展望公园和曼哈顿中城布莱恩特公园（Bryant Park）的成功修复工作中发挥了重要作用的私人基金。

报告写道，“正如布莱恩特公园所展现的那样，这些税收支付的改善可以通过增加房地产价格和租金来帮助自我供给”，尽管它也承认“这些评估可能只会支持较富裕地区的公园”（Yaro and Hiss，1996，p110）。为了资助不太富裕地区的公园，该规划建议作出让步，并将部分公共空间移交给追求利润的私营企业。例如，滨水公园和绿地应包括恰好足够的与水相关的开发项目，如码头和餐厅，以筹集必要的运营资金（p108）。同样，在题为“环境：困局中的绿色基础设施”的章节中，该规划认为企业应该带头解决环境问题，作为更广泛的“从‘监管过程’转变为‘为结果设定标准’的一部分”，这越来越多地反映在公共政策中。该规划建议这种商业项目可以采取“合作试点项目”和“激励（但不是补贴）计划”的形式（p77）。

“细微区别”和“大胆着墨”

尽管受到当代政治经济趋势的影响，《第三次区域规划》仍然充分受到了过去规划范式的影响，摩西和雅各布斯在其制定过程中占据了显著的位置（即使并不总是有明确体现）。对于区域规划协会主席兼《风险地区》的合著者罗伯特·雅罗来说，“这两种传统都影响了我们”（Yaro，2008）。他表示，雅各布斯的思想遗产主要关注“细微区别”，在构思《风险地区》时，她对城市设计的“非凡”影响已融入了主流，成为城市规划正统的基本要素，塑造了区域规划协会的规划。雅罗说：“她是神圣的，这是有充分理由的，她作出了非凡的贡献”（Yaro，2008）。《风险地区》中的某些部分和雅各布斯联系特别明显。其中一处是，规划建议城镇采用区划法令，以鼓励在其中心地区进行高密度的混合用途开发；另一处是，在唤起《美国大城市的死与生》的回忆篇中，它主张未来的发展应该“符合现有社区的特征”（Yaro and Hiss，1996，p105）。该规划也进一步强化了雅各布斯的形象，因为它宣称“通过社区管理策略让社区居民参与进来”可以帮助确保公园安全，并在市政预算缩减的时候有助于维护公园。就像雅各布斯著名的“街道眼”概念一样，区域规划协会建议“在公园中保持更多的当地居民也可以减少故意破坏行为，并帮助居民在使用公园时感到更安全”（p110）。它主张鼓励公共交通和步行友好型开发，并提倡实施混合用途的规划设计原则（p120）。

另一方面，摩西代表着“大胆着墨、大动作、忽略细微区别”，他的影子也笼罩在该规划雄心勃勃的范围和规模上（Yaro，2008）。据雅罗所说，在某种意义上，《风险地区》是对摩西负责的该地区建成环境要素的回应。例如，在该规划中，“人们普遍认识到，扩展区域公路系统的方法很少，因此我们必须开发更有效的方法来利用它”（Yaro，2008）。摩西还对该规划强调的区域一体化有深入的影响，毫无疑问，区域规划协会在鼓励寻找创新的方式将联邦资金用于地方和区域项目时，就想到了他。[8]

一个重要意义上，《第三次区域规划》“打破了差异”，融合了雅各布斯和摩西的元素（Yaro，2008）：它的核心是一个区域范围的“交通规划”，这点与摩西一致，而其中很多关于城市规划和社区设计的内容则直接源自雅各布斯。例如，该规划的“中心运动”呼吁投资建造11个区域中心——通过加强社区组织，并将这些组织及其服务的居民与区域经济联系起来，振兴“城镇中心社区”（Yaro and Hiss，1996，p117）——以吸收预计的人口增长并扩大未来的经济机会。这项运动的一个重要方面是区域规划协会所说的设计和社区规划原则的革命。在战后的美国，区域规划协会观察到，“我们在州际高速公路和汽车周围建立了一个新的文明，远离城市和旧的郊区社区”（Yaro and Hiss，1996，p118）。作为回应，该规划在现有城市中心促进紧凑的混合用途开发，而不是城市边缘的新中心，该规划承认这受惠于新城市主义，而新城市主义也从雅各布斯那里获得灵感。该规划呼吁大都市政府利用其可支配的所有资源：“私人倡议、社区参与和公共规划工具——区划、激励措施和总体规划”开展规划（p124）。

需要振兴并转变为新区域中心的地区包括皇后区的牙买加（Jamaica）和长岛市，以及布鲁克林市中心，根据《风险地区》的说法，这些地区拥有由雅各布斯和摩西思想特定融合而定义的“一个伟大城市中心的所有要素”：

> 一个具有仪式感的入口，经由布鲁克林大桥进入市政公园和历史悠久的市政厅；7所高等教育机构；世界一流的文化机构；一个活跃的步行零售区；最先进的办公和学术综合体；主要政府机构以及联邦和州法院的总部；一个通勤轨道系统和良好的公共交通通道；多样化的人口；以及历史悠久的褐砂石社区。（Yaro and Hiss，1996，p122）

然而，最终，摩西和雅各布斯的思想遗产被融入《第三次区域规划》中，促进了一种新兴的城市主义形式，在这种形式中，规划就是经济发展。几乎所有区域规划协会的提案——从大项目如重振滨水开发，到小项目如行道树种植计划，都是为了提高房地产价值和吸引纽约市所需的经验丰富的高薪人才，以保持其以信息为基础、面向全球的经济蓬勃发展。这些提案同样适用于改造该地区的交通网络，或限制蔓延，并保护其绿色空间。引用1992年由邻里开放空间联盟出版社（Neighborhood Open Space Coalition publication）出版的汤姆·福克斯（Tom Fox）的著作《公园和开放空间的价值》（*The Value of Parks and Open Space*）所述，《风险地区》的作者直接断言“管理良好和有吸引力的开放空间”是重建工作的一个至关重要的因素，因为“许多研究明确地表明，邻近公园、行道树和林地以及开放空间或水域景观可以显著提高租金、房产价值和房地产税”（Yaro and Hiss，1996，p108）。

当然，这种房地产导向，加之强调增强纽约市的竞争地位，同时将服务私有化，缩减社会服务和社会福利，被定位为建设一个重振的、复兴的纽约市所做的努力。但是，通过努力改善城市生活质量的举措，让它更适合游客、新的工人阶层、企业和投机性房地产利益，《风险地区》也可以解读为一个士绅化规划。

作为城市战略的士绅化

雅各布斯在《美国大城市的死与生》中构思“成功城市”的概念时，“士绅化”还没有成为一个可识别的过程——甚至这个术语还没有被创造出来。在20世纪50年代和60年代，摩西和其他城市领导者所追求的大规模城市更新成为被广泛接受的使中心城市更适合中产阶层的方法。当然，雅各布斯是最早指出城市更新失败的最有影响力的声音之一，她提出的修复理念之所以受到欢迎，是因为这一种小规模的、主要是基于本地的、完全私人的倡议，有利于解决此前公众一直在关注的问题：城市住房的破旧状态以及与之相关的一系列社会弊病。即使购买现有的、相对低成本的住房并对其进行翻新以增加其价值的概念变得越来越普遍，但在其最早和最基本的形式中，士绅化仍然是一种零星的、罕见的现象（Smith，1996）。只有当第二次世界大战后，美国迅速（由联邦政府补贴）的郊区化促使了城市土地价值大规模转变，导致了新一轮贫民窟形成时，这些资本发展不平衡趋势的物理表现才为大规模再投资提供了条件（Smith，1996）。[9]尽管如此，在地方层面，士绅化仍然是社区住宅市场化的产物，例如，通过将廉价公寓变成具有历史意义的褐砂石房屋，对现有住房进行看似古怪且有点"堂吉诃德式"的修复和翻新（Smith，1996，p57）。

然而，最终这一趋势开始成型，成为发达资本主义世界中重塑城市的更广泛经济社会力量的核心特征，促使士绅化在规模和政治上发生了重大转变。

随着制造业工作岗位减少和战后经济结构调整——"生产性服务业、专业化就业增加，所谓的'FIRE'就业（金融、保险、房地产）扩张"，城市景观塑造过程也"随之"重构（Smith，1996，pp38–39）。在美国和欧洲，以及"发展中"国家的部分地区，通过建立和促进私有产权和房地产市场以实现城市化，这一过程与连接新兴全球城市网络的国际资本循环紧密相连（Harvey，1990a；Peck and Tickell，2002），因而迅速成为吸收剩余资本的关键工具（Harvey，2008b）。地方政府渴望利用这些力量并将其生产能力转化为自身优势，因此越来越多地转向以促进未充分利用、表现不佳或"枯萎病"（blighted）地区的重建城市政策，将其重新接入当地经济的一般战略。这些城市经济发展的最佳实践很快就被志趣相投的"政策贩子和专家"组成的"虚拟网络"广泛传开（Peck and Theodore，2010，p171）。

从20世纪70年代末期至80年代，旨在放松市场管制、削减公共开支和废除现有福利国家的新自由主义改革推动了这些政策的发展，将城市转变为进行一系列"政策实验"的"地理目标和机构实验室"——从地区营销和地方税收减免到城市开发公司和公私合作伙伴关系。批评者认为，这些政策的最终目标往往是推动“城市空间成为面向市场的经济增长和精英消费实践的舞台”（Brenner and Theodore，2002，p368）。在日益全球化的战略中，房地产开发成为城市经济的核心，其理由是对就业、税收和旅游业的诉求，并受到规划私有化的推动，每一项开发都伴随着规划职能的“商品化”，并被私营部门所“吸收”（Dear，1989，p449）。由于地方政府需要私人资金帮助公共项目融资，这种“社团主义方法”（corporatist approach）的规划受到了更大的重视，创造了“一种氛围，即所谓的‘公私伙伴关系’的必要性和智慧不会引起争议”，“开发游戏规则被提前抛弃”（Dear，1989，pp451–452）。在这种力量汇合中，一种由经济发展公司、商业促进区和其他形式的私人侵占公共领域塑造的新形式的城市主义形成了。区域规划协会的《风险地区》中强调的公私合作计划，即是这种规划的一个代表。

与此同时，将士绅化归因于“中产阶层的偏好”的新古典经济学解释越来越多地被批评为“过于狭隘”（Smith，1996，p39）。更广泛的理论认为，士绅化是一个演化过程，分三个独立阶段展开（Hackworth，2000；Smith，2002）。第一阶段，或者说第一次浪潮，最初出现在20世纪50年代，以雅各布斯所推崇的小规模、逐个街区的社区改造为标志。紧接着在20世纪70年代和80年代出现了第二次“锚定”浪潮，在这一浪潮中，士绅化与更广泛的房地产和再开发过程更紧密地交织在一起，进而重塑城市（Hackworth，2000）。在20世纪90年代开始的最后一波浪潮中，士绅化作为城市环境有意和有计划建设的一个精心设计的组成部分出现，以迎合跨国公司及其高薪员工的需求。在最初阶段中，主要参与者被认为愿意率先重建破败街区的中上层人士，而第二阶段和第三阶段的代理人是私人开发商和房地产利益集团，然后是国家规划机构和企业联盟之间形成的系统性公私合作实体。因此，随着时间的推移，士绅化过程不再是当地“中心城市的社会边缘和工人阶层地区向中产阶层住宅用途的转变”（Zukin，1987，p129），而更普遍地表现为20世纪90年代的完全由国家支持，并嵌入先进资本主义城市化的更大逻辑中，以重塑整个城市景观的过程（Smith，2002）。

在第三次浪潮，过去几十年城市更新实践中，许多地方政府利用征用权为私人住宅、企业办公和文化设施开辟空间，作为一种将自身重新定位为全球资本和增长型行业（如管理、信息、文化和创业）领导者的手段。废弃和未充分利用的工业空间——从滨水就业区到整个制造区——被重新划定为“适应性”再利用或计划拆除和重建区域。私有化的公共空间，包括城市广场、购物中心和滨水区长廊，成为这种大规模重建公民认同的关键组成部分，旨在获得象征富裕、吸引投资和旅游业的文化和意识形态属性。效仿西班牙毕尔巴鄂建筑师弗兰克·盖里的古根海姆博物馆（Guggenheim Museum）的模式建设的文化机构成为整个街区重建的旗舰项目（Miles，2000，p256），而像炮台公园城这样的飞地社区则成为富人区，象征着大城市作为“金融服务和期货电子交易全球城市的一部分”（p257）。

设计还承担了新的意识形态力量，用于将阶层化关系具体化，并通过当地决策者的审美偏好帮助“确保某些群体的霸权”（Duncan and Duncan，2001，p393）。这种设计的必要性在很多方面都得到了体现，通常与当地开发商、房地产利益者、建筑师和当地政府合作，打造城市文化和经济首都的标志性符号。那些壮观的建筑——由著名和创新型“明星建筑师”设计的引人注目和非常规的新建筑——成为城市的地标、全球精英的著名“避难所”，以及城市全球声望的有形体现。不仅是建筑，那些因设计手法而引人注目的艺术作品，也成为“美学家的天堂”，成为推动进一步发展的一种手段，旨在吸引游客，提高附近的房地产价值，同时体现了加剧阶层分化的社会、经济和文化转变。正如激进的城市评论家和活动家盖伊·德波（Guy Debord）在40年前所预言的那样，城市主义已经成为一种奇观，资本主义将“整个空间变成了自己的环境”（Debord，1983，p169）。在评论家所谓的“公共规划与公共和私人资本的协调和系统合作伙伴关系”（Smith，2002，p441）支持下，这种“第三次”士绅化浪潮，在区域规划协会的《风险地区》等规划推动下，宣告着中上阶层对城市的“重新占领”（Harvey，2008a；Smith，1996，2002；Smith and DeFilippis，1999）。

区域规划协会成员雅罗承认并支持“一个面临风险的地区”的核心就是这样一个提议。“士绅化是一个真正的困境。你保持城市特性，保持城市生活质量，有钱的人买账，没钱的人被赶出去，你怎么处理？补贴？直接干预？自20世纪40年代以来，纽约一直存在住房危机，但士绅化仍然是城市成功的一个不变的因素和结果”（Yaro，2008）。

规划的连续性

正如《第三次区域规划》受到摩西和雅各布斯等人的思想影响一样，布隆伯格政府也将其作为通过公共政策推进士绅化的一个有影响力的模式，规划中提到的滨水开发，将地铁7号线从时代广场向西延伸，以促进曼哈顿远西区的发展，再到公园建设的新时代，这些想法都会产生深远的影响。事实上，政府的大部分重建议程读起来好像是直接从《第三次区域规划》上摘下来的。《风险地区》提到了“该地区城市滨水区的再利用为创造非凡的新公共空间提供了机会”（Yaro and Hiss，1996，p108），而布隆伯格的城市规划主任阿曼达·波顿提到的是“标志性的公共空间”和“重建城市的滨水区”。在其他方面，《第三次区域规划》预示了布隆伯格的许多标志性举措，包括公开呼吁通过“密度奖金”（Yaro and Hiss，1996，p105）提供可负担住房、关注外围地区开发以及区域规划协会对区域中央商务区的开发提议。在布隆伯格的领导下，长岛市的再开发将被重新设想为“复兴的皇后区西滨水区”（p123），而在皇后区牙买加，政府提出以交通为导向、改造混合用途社区，将其打造为最早的“卓越样板”之一。随着时间的推移，布隆伯格还将采用公园和开放空间来提高房地产价值、推动发展，并提出环境可持续性和预计人口增长问题，以表明立即采取果断行动的必要性。与区域规划协会一样，政府将坚定不移地推动公共空间私有化，以此作为支付再开发成本的一种方式，并重点支持有助于提升城市作为全球中心形象的机构——例如哥伦比亚大学争取扩张空间的努力，此外还接受以阶层为基础、以价值为导向的生活质量定义。

按照区域规划协会成员雅罗的说法，从摩西和雅各布斯到《第三次区域规划》再到布隆伯格的想法，这一系列内容间的联系“绝非偶然”（Yaro，2008）。雅罗一直是规划精英中具有影响力的成员，曾在可持续发展咨询委员会任职（该委员会促成了布隆伯格的“纽约2030规划”），在此之前还曾是舒默领导的“35人集团”成员。近30年来，他书写了纽约市的重建故事。他指出，“在区域规划行业中，改变需要时间”（Yaro，2008）。

虽然，由此产生的改造纽约市建成环境愿景让人想起了一个时代，正如城市艺术协会的肯特·巴威克所说，“我们理所当然地认为我们的领导人有城市建设议程”（Barwick，2008a），但当前的布隆伯格政府与自摩西时代结束，到20世纪70年代财政危机，直到2001年9月11日的城市领导人形成了鲜明的对比。就像许多重要事件一样，“9·11事件”改变了纽约市现有的开发景象，开启了巴威克所谓的城市建设的“极度乐观”时期，“在‘9·11事件’之后，人们有了重建的希冀”，并开始了对“开发沙皇”的呼吁，以及对重建什么样的城市的大讨论。最近当选的布隆伯格正好迈入了这样的“对建设友好”的社会环境，而丹·多克托罗夫①则成为他的“开发大师”（Barwick，2008a）。[10]

巴威克回忆说，当时城市艺术协会正在举办一系列研讨会，让城市居民有机会表达他们的观点和“对‘归零地’（Ground Zero）②复兴的渴望”（Barwick，2008b）。“人们认识到城市必须重建，但希望发生一些事情（建设联合国大厦，或一所伟大的大学，总之是一些了不起的事情）来解决问题。但是你不能为了象征性目的而建造城市。必须有一些经济基础。所以遇到麻烦时，请联系鲍勃·摩西（Bob Mose）③。”当时，人们无数次地将多克托罗夫与“权力掮客”做比较（例如Flyvberg，2005），说他是“新的鲍勃·摩西”，就像摩西所写的人们把他与奥斯曼男爵进行比较一样（Barwick，2008b），布隆伯格利用世界贸易中心遭受袭击的影响和这座城市岌岌可危的未来作为“扩大影响力的工具”（Pinsky，2008），以启动他的重建议程。

① 即丹尼尔·多克托罗夫。

② 世界贸易中心废墟遗址代称。

③ Bob是Robert的简称，此处即指罗伯特·摩西。

第6章

开发驱动器

对于致力于新自由主义建设热潮并需要公民支持才能顺利完成的布隆伯格政府而言，一项基本挑战是，如何在一个仍然迷恋于雅各布斯的城市，以自摩西时代以来从未出现过的规模进行建设。可以肯定的是，正如纽约城市规划主任（New York City Planning Director）阿曼达·波顿所说，摩西和雅各布斯之间的斗争已经结束并且雅各布斯已经获胜（Burden，2006a），布隆伯格政府承认了一个非常重要的事实，任何声称代表了更大利益的城市机构或公共实体都不能忽视这一点：在更广泛的公众认知中，雅各布斯是胜利的，并被广泛认为是宜居城市的捍卫者。她是一位名人推荐者，是任何关于城市设计的作家的名副其实的合法标志，[1]甚至在她最有影响力的作品《美国大城市的死与生》出版50多年后，她的遗产继续与城市居民和规划理论产生共鸣。

2007年，洛克菲勒基金会设立了一年一度的简·雅各布斯奖章，以重申“基金会对纽约的承诺”，并表彰“那些创造性地利用城市环境建设更加多样化、充满活力和公平的城市的人”（Rockefeller Foundation，未注明出版年）。2009年秋天，《与摩西搏斗》（由林肯土地政策研究所的记者兼研究员安东尼·弗林特出版）让雅各布斯至少暂时能在与摩西的遗产不断演变的比赛中重新登上领奖台。那年夏天早些时候，雅各布斯作为一本年轻成人书《常识的天才：简·雅各布斯和“美国大城市的死与生”的故事》（*Genius of Common Sense*：*Jane Jacobs and the Story of "The Death and Life of Great American Cities"*）中典型的理性和务实的女主角被介绍给新一代。[2]

与此同时，在希拉里·巴隆和肯尼斯·杰克逊的修正主义行动之前，摩西已经被钉在耻辱柱上，他是城市更新和大尺度规划中永远邪恶的恶棍，其潜在的理想和对过程严厉的处理方法似乎坐实了他作为雅各布斯永远的"对立者"的命运。然而，几乎与她过去断言雅各布斯的胜利一样，阿曼达·波顿欣然接受了摩西的大建造能力，她表示，在布隆伯格市长的领导下，纽约市正在像摩西一样建设，但心中装着雅各布斯的原则。

西摩·曼德尔鲍姆（Seymour Mandelbaum）在其关于计划中讲故事策略的讨论时指出，解决冲突叙述的更有效方法之一是通过"理解叙述和观点中的细微差异"来综合它们各执一词的观点（Mandelbaum，1991，p212）。正如区域规划协会在起草其"第三次区域规划"时借鉴雅各布斯和摩西的做法一样，布隆伯格政府将这两位领军人物的基本原则的某些方面纳入其重建议程，比如通过改造性运用这些遗产以实现当下的目标，纽约市的具体规划可以一劳永逸地消除摩西和雅各布斯之间的隔阂，并为一个真正成功的城市（用雅各布斯的话来说）提供清晰的蓝图。事实上，这种综合行动成为政府规划言论的关键部分，是其重建议程合法化的必要组成部分。在演讲和频繁出现在论坛和城市政策讨论中时，前副市长丹·多克托罗夫、波顿和其他纽约市官员向公众陈述了他们的观点，一再提出对摩西更温和的看法，他们描述了在布隆伯格政府领导下的规划重生，并为未来几年这座城市的面貌提出了一个非常具体的版本。

"一种不同的思维方式"

例如，在2008年7月纽约城市博物馆关于西街的小组讨论中（见第5章），纽约市公园和休闲部（New York City Department of Parks and Recreation）专员阿德里安·贝内普（Adrian Benepe）谈到了各种各样的"如果"和"对某事是否是个好主意的取舍"。他认为，虽然西街及其相关公园失败了，但一个"继任者公园"——哈得孙河公园系列逐渐向曼哈顿西部滨水区延伸，它是"2008年的正确公园"，并代表了"继续建设滨水公园的意愿"（Benepe，2008b）。贝内普指向马萨诸塞州（Massachusetts）的斯普林菲尔德（Springfield）和康涅狄格州（Connecticut）的哈特福德（Hartford），事后看来，"我们现在知道，有高架公路穿过市中心的城市是什么样的了，它杀死了市中心"。但他也表示，曾经有一段时间，“奥姆斯特德景观”（Olmsted landscape）作为纽约市中央公园和展望公园的参考，并没有受到高度重视，而布朗克斯区佩勒姆公园（Pelham Park）的果园海滩（Orchard Beach），“如今永远不会建成”，在摩西提议将它变为一个公共海滩之前，它是一个湿地（Benepe，2008b）。

为庆祝布隆伯格政府对摩西的积极态度，贝内普将这位“建筑大师”在1936年的夏天通过贫民窟清拆建造的11个市政游泳池的行为形容为“巨大的挑战：在反对声中，你还能建造吗？如果你陷入派系争斗和内讧，你将永远无法建造21世纪伟大的公园和伟大的公共工程，这个改变纽约市的公共工程”（Benepe，2008b）。

正如波顿对政府重建议程的标准陈述（Burden，2007a），在“塑造城市：纽约未来的战略蓝图”（Shaping the City: A Strategic Blueprint for New York's Future）中明确指出，政府打算通过规划和建设来避免这种命运，就像摩西大概会做的那样，同时保留雅各布斯认为应赋予城市活力的细粒度和街区多样性（见Burden，2008a，2009）。类似的，正如摩西建造大工程的能力很大程度上是基于他关于纽约市持续繁荣面临威胁的言论的有效性，以及雅各布斯对现代主义者的城市主义的破坏性影响作出的精心回应，都将“面临风险”视为一种生死存亡的问题，区域规划协会制定了其“第三次区域规划”以应对20世纪末大都市区面临的风险，布隆伯格政府也提出了自己对迫在眉睫的危险的论述，作为新时代激进式规划的理由。这种论述的核心（实际上是它的支点）是这样一种感觉，即当代纽约市的未来繁荣面临着两个明显的21世纪新挑战：第一个挑战是，正如布隆伯格在2008年的市情咨文中所阐述的，并经常被政府官员重申的那样，一个建筑密集、官僚作风僵化的纽约，正陷入一场争夺全球经济突出地位的高风险战斗中：

> 我们正处于竞争中，而赌注已经越来越高。在过去的一年里，我看到从伦敦到巴黎再到上海等城市都在大步向前。它们正在尽其所能吸引各个领域最优秀和最聪明的人：医学、工程、建筑等。这些城市不会设置障碍，眼光不会只向内看或责怪别人。它们不害怕新的或不同的事物，我们也不应该害怕。如果我们害怕，我们就没有未来。（Bloomberg，2008）

第二个主要挑战来自对城市可持续性的质疑。预计到2030年，即使生活质量受到“日益不可预测的自然环境”和老化的基础设施的冲击，城市人口仍将增加100万（Bloomberg，2008）。

正如规划部门的波顿所阐明的那样，由此产生的重建议程或“蓝图”，既代表了摩西“搞定人”型现代主义和“公共利益最大化”，又吸纳了雅各布斯持续倡导的城市设计重点和资本友好元素（Burden，2009，2008a，2007a）。虽然议程强调了纽约市在全球经济中与其他城市的竞争关系，但它仍然依赖于雅各布斯的观念，即健康的社区造就健康的城市，正如雅各布斯对健康应该包括的内容有着独特的、基于阶层的理解一样，布隆伯格政府制定了自己的方案，主要用以“保护”中上阶层的单户住宅区的“独特性”，同时重新规划“未充分利用的”工业区和工人阶层区，如威利茨角和曼哈顿维尔，以允许更有生产力的用途（Burden，2007a）。正如雅各布斯看到的振兴下东区（Lower Eastside）滨水区项目通过吸引居民、企业和游客促进附近曼哈顿社区的经济发展一样（Jacobs，1992，p159），布隆伯格政府积极寻求将纽约高地与历史上的工业滨水区重新统一起来，并通过在所有5个行政区创建公园和其他公共设施“促进未充分利用土地的新用途”（New York City Department of City Planning，2012a）。在整个重建蓝图及其包含的一系列单独举措中，经常提到的“混合用途”、密度、将滨海区和城市其他部分重新连接，以及促进充满活力的街道生活（Burden，2009，2008a，2007a）等，都强调政府采纳了雅各布斯的基本思想。事实上，加利福尼亚大学洛杉矶分校的社会学家大卫·哈勒（David Halle）在《城市与社区》的纪念刊中写道，正是雅各布斯通过呼吁以当地为导向、以市场为基础的发展，在布隆伯格议程上留下了更加不可磨灭的印记。布隆伯格议程中提到：“本着雅各布斯的精神，布隆伯格和他的城市规划部将政府的作用视为通过在布鲁克林、皇后区和史坦顿岛（Staten Island）以及曼哈顿的远西区培育‘多个城市中心’促进城市增长和密度，并同时对某些社区进行‘区划进一步划分’，以保护它们免受过度开发的影响”（Halle，2006，p240）。

然而，即使布隆伯格议程的实践“体现了对简·雅各布斯思想的吸收，并且在实践形式上不是现代主义的，但在功能主义目标上却是现代主义的”（Fainstein，2005a，p2）。与鼓吹社区自愈能力并接受小规模渐进式变革的雅各布斯不同，布隆伯格政府提倡进行新一轮积极的创造性破坏，这种破坏可以追溯到摩西及其方法，并随时准备好调用征用权，并采用激励措施、税收补贴和公私资金模糊的创造性组合，以确保开发商参与（参见Caro，1975，p321）。这种咄咄逼人的态度部分源于政府的信念，即确保项目能够完成的唯一方法是让它们走得足够远，以至于它们不会被未来的力量搁置或放弃。

波顿在《哥谭公报》中写道，她承认有些“怀念摩西”和他建造事物的能力，“由于两届市长任期的限制，获得新的开放空间是一个巨大的挑战，例如弗莱士河公园（Fresh Kills）、曼哈顿下城的东河滨水区（East River Waterfront）、高线公园（High Line）和绿点/威廉斯堡滨水区的批准、设计和建造，使得后续政府无法撤销该计划”（Burden，2006b）。同样，纽约市长期规划和可持续发展办公室主任罗西特·阿格瓦拉（Rohit Aggarwala）表示，该部门成立的明确目的是制定“纽约2030规划”的长期可持续发展计划，承认“尽可能快地运行”，在布隆伯格2009年离任之前尽可能多地实施其可持续发展议程，以便该方案在“布隆伯格政府之后继续有效”（Aggarwala，2007）。当然，2009年推翻了两届任期的限制并且布隆伯格连任了第三届，政府又多了四年时间推动其议程。

摩西的血统还体现在议程中围绕现有或拟建交通基础设施的未来发展方向上，最明显的是地铁7号线扩建并用一个新的和扩建的交通枢纽取代现有的宾夕法尼亚车站（Penn Station），名为莫伊尼汉站，作为开放曼哈顿远西区进行重建的一种方式，并在皇后区的牙买加社区建立新的商业枢纽，是地铁、区域铁路和连接到约翰·肯尼迪机场（John F. Kennedy airport）的机场轻轨的交会处。摩西还通过政府对建设和扩大文化和教育机构的关注来吸引共鸣，包括哥伦比亚大学扩建和林肯表演艺术中心（Lincoln Center for the Performing Arts）翻新工程，于2009年完工，以及政府官员喜欢称之为纽约市历史上继城市美化（City Beautiful）时期之后公园建设和扩建的第三个伟大时代（Third Great Era），在此期间，纽约市修建了许多游乐场和纪念碑，在摩西26年的城市公园部部长任职期间，公园系统内的面积增加了三倍（Benepe，2007）。

贝内普在2008年接受《风景园林》（*Landscape Architecture*）杂志采访时说，“摩西在6个月或一年的时间里就能建成我们需要三到四年才能建成的建筑，他不需要像我们现在这样对社区负责”（Benepe，2008a，p55）。尽管如此，从2001年布隆伯格上任到2007年年底，纽约市新增了416英亩的绿地。2007年，政府提议在三年内再投资30亿美元，用于开发8个区域公园，扩大城市绿地网络，使纽约市民步行不到10分钟就可以到达公园或草地（Benepe，2007）。在曼哈顿、布鲁克林、布朗克斯区和皇后区，拟议中的滨水重建计划以额外的公共开放空间为特色，确保城市居民能够到达水边，同时为开发商提供附近的公共设施，确保提高其项目的价值（Burden，2007a）。

在整个议程以及支持它的叙述中，固有的观念是，在政府寻求纽约市更大利益的同时，它正在寻求一种完全合理的路线（如果不是唯一的）以确保其物质和经济上的成功。根据阿格瓦拉的说法，像纽约这样“古老、成熟的美国城市”，其增长规划“需要一种不同的思维方式”，要重点讨论“如何恢复，而不是扩张”（Aggarwala，2007）。他和其他政府官员通常认为这种新方法是有远见的，甚至在他离开政府后，前副市长丹・多克托罗夫继续将布隆伯格的重建议程称为“有抱负的”“体现了城市特有价值观的详细行动计划”以及“我们希望城市成为什么、代表什么的变革愿景”（Doctoroff，2009）。根据多克托罗夫的说法，最终使布隆伯格政府在推动其重建议程方面比前几届政府更有效的原因是“不害怕解决问题，即使这些问题是非政治化的，这一点尤其重要”（Doctoroff，2009）。

当然，与摩西时代不同的是，政府的宏伟理念在很大程度上超出了它决定未来进程的能力。毕竟，重新建设大型建筑的不是政府，而是私人开发商，他们通过税收激励、补贴和有利的区划变化在很大程度上掌握了纽约市重建的控制权（Angotti，2007；Wells，2007）。事实上，政府执行其议程的唯一具体机制是制定具体的总体规划，波顿将其描述为“绘制我们想要的空间的样子”，并且以主要内容决定土地使用的权力，通过区划提供“开发驱动器”（Burden，2007a）。正如波顿承认的那样，“我们真正能做的就是划出合适的高度和用途区划，然后交给市场”（Burden，2007a）。尽管如此，作为政府首选的“重建工具”，重新区划为私人投资者认为最有利可图的开发类型打开了大门，同时对简・雅各布斯式的原真性表示赞同（Zukin，2010，p23）。政府推动区划变更作为沿着阶层路线改造城市的主要工具，通过辨识其土地使用的决定性力量推动“未充分利用”社区的发展，即使这些决定保护了其他社区的单一住宅价值和中上阶层生活质量。

从这个意义上讲，区划的总体演变，尤其是区划标准的演变，指导了纽约市近一个世纪的发展。在这一点上，再次证明考察摩西和雅各布斯对规划过程特定方面的影响是有启发性的。

区划："矛盾冲动的集成"

从一开始，区划就被视为社会工程的一种工具，一种通过土地使用法规保护公共健康、安全、道德和一般福利的方式，并促进某些活动，同时禁止一些活动（Wickersham，2001）。如前所述，纽约市于1916年通过了全国第一个区划条例，鼓励结合开放广场建造高楼大厦，以此作为控制密度的手段。它还通过将城市划分为住宅区、制造业区和商业区来限制容积率（floor-area ratios，FARs）[3]并将用途分开。这种"欧几里得"区划的基本假设符合20世纪20年代规划中的"功能主义"转变，这种转变本身与泰勒主义（Taylorist）将城市视为"一台大型且平稳运行的机器"的愿景相一致（Wickersham，2001，p251）。这种功能主义观点的核心组成部分，包括土地用途的分区，是摩西式现代主义的框架，其超级街区和城市单元从周边的社区包围中脱离开来。到1926年，除5个州外，所有州都通过了区划法案，使区划成为默认的"创建新的城市片区和城郊片区的模板"（Wickersham，2001，p251）。

这些区划标准付诸实施，将指导纽约市未来45年的发展。但随着时间的推移，到20世纪50年代后期大约有2500个零碎地块出现例外情况，大大增加了区划法的庞大性和复杂性，同时，缺乏高度限制导致人们担心曼哈顿中城和市中心的部分地区会变成一系列"峡谷"，街道和大道在成排的摩天大楼之间延伸。公民团体和改革者试图推动彻底改革，1961年，该市的回应是将容积率减少到15，这意味着要达到更高的高度，建筑物的占地面积必须占地块的更小一部分。这些修订包括从全面的法规转变为更灵活的逐案方法，以及引入全国第一个激励区划计划作为创造新开放空间的手段（Kayden，2000）。这种最早的激励区划形式允许建筑开发商在划为商业用途的地区建造更高的建筑，以换取提供广场、中庭、商业街、屋顶花园和有盖人行道等公共设施。每增加一平方英尺的公共空间，这些开发商就有权建造额外的10平方英尺的办公空间，从而有效地将建筑物的允许容积率从15提高到18。唯一的额外要求是广场必须随时向公众开放。开发商欣然接受这些激励措施，因为更高的密度意味着更高的利润，而社区最初也欢迎新公共设施的创建。从市政府的角度来看，这种方法有额外的好处，即促进房地产评估和增加税收。

然而，该计划的结果显然喜忧参半。从成立到2000年，该计划创造了数量惊人的公共空间，大约有350万平方英尺（Kayden，2000），其中大部分位于城市中几乎没有此类设施的地区。然而，虽然一些空间被证明是宝贵的公共资源，但其他空间公众无法进入或缺乏吸引公众使用的功能。根据城市艺术协会和城市规划部发起的一项调查，大约16%的空间被用作地区活动目的地或社区聚集空间，而21%和18%则分别被用作短暂的休息场所和两点之间的捷径，41%被认为是边缘的（Kayden，2000；有关调查空间的完整列表和描述说明，请参阅New York City Department of City Planning，2012d）。[4]几乎立即就有批评人士指责说，这些激励措施产生的广场毫无生气，并且是“没有实际价值的”，由混凝土和石头构成的开阔地带，只适合步行穿过（Whyte，1989，p234）。雅各布斯在这种“渐进式区划”中感受到了“光辉城市”的影响，而她是最早的反对者之一，“无论设计多么粗俗或笨拙，开放空间多么沉闷无用，特写镜头多么单调，勒·柯布西耶的模仿者都会大喊道：‘看看我做了什么！’”（Jacobs，1992，p23）。[5]事实上，传统上侧重于用途分离、密度降低和汽车优先于行人的区划，在历史上与雅各布斯最珍视的理想背道而驰。她的“自由主义经济倾向”（Wickersham，2001，p549）使她得出结论，区划从本质上讲，是“与现实生活的需要相矛盾的”（Jacobs，1992，p235）。尽管如此，她的反对意见还是主要针对为了支持大规模巨变型项目而调整区划、扼杀活力的用途划分，以及她明确认为是对市场非自然抑制的行为。雅各布斯倾向于公共政策的有限应用（她称之为“移动棋子”），“作为控制城市土地利用更小规模、更渐进变化的适当手段”（Wickersham，2001，p550）。[6]

20世纪70年代的财政危机助长了进一步修订区划的呼声。随着建筑活动在这10年的中期崩溃——1973年建造了1226万平方英尺的办公空间；到1976年，这个数字已经缩小到36万平方英尺（Kayden，2000）——建筑商和开发商主张进行变革，不仅让他们更容易建造，而且让他们在更靠近曼哈顿中城现有商业中心的地方，在更理想、因此更有利可图的场地上建造更大的建筑。1975年5月，当时仍然控制着纽约城市规划委员会的纽约市评估委员会，通过放宽高度限制来应对日益增长的呼声，导致容积率超过了20（开发商唐纳德·特朗普（Donald Trump）位于第五大道和第五十六街拐角处的58层的特朗普大厦（Trump Tower），于1983年竣工，容积率最高可达21.6），并允许通过街区走廊、中庭和购物商场获得新的奖励（Kayden，2000）。然而，新的限制要求广场不仅要开放，而且要适合公众使用。为确保实现这一目标，纽约市评估委员会采用了由社会学家和城市学家威廉·怀特构思的一系列详细设计指南，他的观察研究试图通过对人们如何使用公共空间和与公共空间互动的通常极其详细的量化来解释城市生活。

和雅各布斯一样，怀特早期对这座城市的区划激励奖金持怀疑态度，并对他们创造的一些公共空间持批评态度。20世纪70年代初期，他的街头生活项目（Street Life Project）着手确定“是什么让好的广场起作用，坏的广场不起作用，以及原因”，并将这些发现“转化为严格的指导方针”，城市规划委员会最终于1975年将其纳入区划条例（Whyte，1989，p234）。其中包括确定适当座位数量（每30平方英尺的公共广场区域应至少有一英尺长的座位）及一系列额外的详细规定，批评者认为这些规定相当于自上而下的“按公式决定设计”（Whyte，1989，p235）。同样在1975年，纽约市的选民批准了一项新的城市宪章，该宪章建立了统一土地使用审查程序，将拟议的开发项目暴露于强制要求的额外审查中。开发商对此表示不满，认为如此烦琐的审批程序会阻碍某些项目并可能扼杀其他项目，进而导致建筑工作岗位流失，并促使企业迁往郊区，因为那里的土地和建筑成本以及建筑要求的限制较少。尽管他们在破坏统一土地使用审查程序的努力中失败了，但开发商很快就通过申请特殊豁免熟练地绕过此指导方针，并且到20世纪70年代末，如此多的“点状区划”发布被批准，以至于区划条例增至两大卷。

1979年，怀特将再次在不断演变的纽约市区划条例合理化努力中发挥重要作用，使用延时摄影技术研究广场如何用于规划委员会中城区划研究（Planning Commission’s Midtown Zoning Study）的一部分。怀特认为对中庭和其他内部空间的鼓励代表着“公共空间的内部化和街道活力的流失”（Whyte，1989，p248）。一个潜在的解决方案是外部建设或在附近建立小型城市公园，这些都是在1982年对中城区进行更广泛、彻底的区划修订时采用的。通常，容积率从18 ~ 21.6减少到15 ~ 18，然而在曼哈顿西区，政府正试图推动其发展，仍保留了更高的容积率。除了公园和广场外，其他所有项目的奖励都被取消了，城市规划委员会开始要求必须建造这些设施，而非激励建造设施。

到1992年前，数十次额外的校订和修正再次使现有的区划标准变得令人困惑且常常相互矛盾，新一轮经济衰退的到来使建设停滞不前，丁金斯政府看到了推动额外修订的可能性，这可能为大型项目开发的新时代铺平道路。《纽约时报》记者大卫·邓拉普（David Dunlap）当时写道，“摆脱了紧张建设带来的压力，规划者有机会在区划方面制定新的路线，而不是不断地微调一份31年前生效的文件，当时，在赋予社区土地使用审查的正式角色之前，纽约是一个非常不同的城市”（Dunlap，1992，p101）。然而，包括当时亨特大学（Hunter College）城市事务与规划系（Urban Affairs and Planning Department）系主任、曼哈顿政策研究所（Manhattan Institute for Policy Research）高级研究员彼得·萨林斯（Peter Salins）在内的对拟议修订的批评者认为，制定区划条例是为了防止过高的密度、不兼容用途的并置和视觉攻击，而不是作为实施综合计划和追求“当下规划目标”的基础（Dunlap，1992，p101）。最终，持续的“经济瘫痪”导致纽约城市规划部在1990年至1992年间裁员25%，正如约什·巴巴内尔（Josh Barbanel）报道的那样，最终来自房地产行业的反对葬送了修订工作的努力（Barbanel，2004）。当时，邓拉普感到纽约市可能永远找不到改写其区划规则的政治意愿，并表明如果“区划是制定综合规划的监管工具，那么对纽约未来的一些广泛看法将是彻底修订条例的必要前提”（Dunlap，1992，p101）。

区划，让市场进入

然而，10年后，布隆伯格政府将重新强调摩西规模的规划，其中区划将成为纽约市“规划工具箱”中最强大的工具之一（Burden，2007a）。区划曾经旨在控制密集、混合用途的开发，现在被视为一种积极促进密度和混合用途的机制（Wickersham，2001），至少在表面上它会被描绘成一种创造出雅各布斯多样性先决条件的手段。然而，就规模而言，其预期效果更像是摩西式的巨变重建，很快政府就开始宣传城市的整体转型。2004年年初，波顿带着《纽约时报》记者约什·巴巴内尔参观了建筑中心（Center for Architecture）的政府规划展览。巴巴内尔写道：

> 在城市规划专员阿曼达·波顿面前展现的是纽约市的未来前景。电脑动画展示了从一辆开往布鲁克林绿点滨水区的汽车上看到的景象。工业建筑消失了，取而代之的是5到6层的砖石公寓楼，最终形成了高耸的塔楼散布在东河沿岸宽阔的景观长廊上。
>
> 接着，她又转向了一个用纸板和树脂制作的模型，它展示的是远西区的办公楼和公寓，形状奇特的塔楼和尖塔沿着第十大道和第十一大道之间的一个中街区公园拔地而起，从第34街延伸到第39街，这是哈得孙广场开发项目的一部分。
>
> 在另一个房间里，可以看到西切尔西（West Chelsea）长期废弃的高架货运铁路“高线”（High Line），并描述了一个复杂的计划，要把它改造成一个景观长廊，与哈得孙广场的规划公园连接起来。作为计划的一部分，附近房产的所有者将能够出售“空间权”（air rights）给新建筑的开发商，这使得新建筑的面积比区划允许的面积更大。
>
> 在大厅的另一头，她指着一些图纸和区划图，这些图纸是为布鲁克林市中心一个区域规划的办公和社区中心绘制的。在这个区域，高度限制和设计指导方针是经过精心设计的，有时是逐栋设计的，以创造她所说的“一种地方感，一个很棒的地方”。
>
> 规划师们说，这些规划展示了城市的转型，但这些只是整个城市正在研究或最近被采纳的规划项目和区划提案的一小部分，而这些项目和区划方案形成了一波多年来未曾见过的热潮。波顿专员说：“我们正在尽城市所能为城市的发展创造条件，同时又保持了社区的特征。”（Barbanel，2004）

事实上，随着时间的推移，除了被重新区划的社区数量稳步增长之外，波顿对政府“战略蓝图”的表述几乎没有什么其他变化。当波顿于2007年11月5日向亨特学院城市设计和规划专业的学生详细介绍该规划时，城市规划部已经完成了78个重新区划，包括了88个社区中的6000个街区，或者说是纽约五大行政区中的六分之一（Burden，2007a）。到2009年5月26日，在美国建筑师协会（American Institute of Architects，AIA）建筑中心的演讲中，这些数字已攀升至94个重新区划（其中81个在曼哈顿以外），覆盖8000个街区，其中包括64个区划细分以“保护社区特色”，还有另外15个重新区划等待市议会形成决策（Burden，2009）。当时的演讲还加上了一个副标题，即“五大区经济机遇规划”（Five Borough Economic Opportunity Plan），这个主题也出现在布隆伯格2009年的连任竞选文章中，并逐渐包含了这样一种主张，即政府致力于“区划以改善人们的生活”，通过解决低收入社区当地杂货店的消失问题和扩大包容性住房津贴促进更多人拥有住房（Burden，2009）。

虽然在当地社区委员会、区长和城市规划委员会的咨询审查后，市议会对所有的区划变更拥有最终决定权，但截至2009年9月，布隆伯格政府城市规划部提出的所有区划修改建议都没有被否决。

在政府的规划叙述中，这种充满灵活性的区划方法代表了官员们所说的可定制的土地利用方式，其特点是各个社区的规定各不相同。在某些情况下，城市规划部提倡使用“情境化”区划或波顿所谓的“微调”（Burden，2007a），以限制小街道上建筑物的大小和外观，同时推动大街上更高密度和更大的建筑物。例如，在2003年，弗雷德里克·道格拉斯大道（Frederick Douglass Boulevard）周围的东哈莱姆区和中哈莱姆区的100个街区被重新划为直接开发区，允许在社区大道上建造新一代的12层公寓楼，同时保护了小街道联排房屋的性质。在布鲁克林，贝德福-斯图文森（Bedford-Stuyvesant）社区[①]的富尔顿街（Fulton Street）被提议作为另一个更高密度的开发片区，并且在公园坡社区制定了分区规划，减少小街道的开发，但允许在第四大道上建造12层的建筑。作为2003年4月通过的后一项协议的一部分，该市向公园坡社区提供了数百万美元的城市项目担保，为生产低于市场价格的住房的开发商提供补贴。

巴巴内尔报道称，由于许多重新区划都在考虑之中，纽约市正处于房地产繁荣时期（Barbanel，2004）。在截至2003年年底前的40个月里，政府颁发了6万份建筑许可证，比1990年到1998年间颁发的总数还要多，并且这一工作“随着房地产市场的振兴”一直持续到外围行政区，城市规划部坚称，它正在“为下一代办公室开发和数以万计的新工作奠定基础”（Barbanel，2004）。

事实上，重新区划工作的一个核心焦点是在长岛市和布鲁克林市中心创建额外的、更便宜的后台办公空间，以与新泽西州竞争这些公司职能。在皇后区的牙

① 纽约市布鲁克林区的一个贫民窟。

买加，城市规划者抓住最近完工通往约翰·肯尼迪机场轻轨的机会，呼吁对400个街区进行重新区划，以促进新商业区的创建——充满了新的办公楼、酒店、零售空间和住房的建造，同时保留附近社区的住宅性质。但这次活动的爆发给低密度住宅区带来了极大的发展压力，政府原本希望通过降低布鲁克林的克林顿山（Clinton Hill）和湾岭（Bay Ridge）、布朗克斯的里弗代尔（Riverdale）和皇后区的里士满山（Richmond Hill）等社区的区划密度减轻压力，同时提高某些社区的区划密度，将更密集的住宅开发推向交通便利的社区，包括牙买加、哈莱姆和绿点/威廉斯堡。正如巴巴内尔指出的那样，“大部分”提议的降低区划密度发生在高度支持布隆伯格的社区，“并且在该市通过了18.5%的房产税增加后，他正在努力重建支持”。在某些情况下，社区抓住机会主动决定他们的未来，要求缩小区划密度，以此将高密度公寓楼拒之门外。布鲁克林城市规划主任雷吉娜·迈耶（Regina Meyer）告诉巴巴内尔，“我们看到6到7层的公寓楼里有很多独立式住宅，这是我们关注的问题，几十年来，像本森赫斯特（Bensonhurst）这样的社区第一次要求我们重新区划”（Barbanel，2004）。

波顿和其他城市规划局代表喜欢将这些降低区划密度作为行政规划人员与当地社区协商促进和制定以社区为导向的规划的例子。前副市长丹·多克托罗夫坚持说：“如果你想让公众接受，你必须先征求他们的意见”，他在制定“纽约2030规划”的背景下将其描述为“史无前例的对外展服务的努力”，其中包括“专家”顾问委员会，除了网站反馈机制外，还主办11次市政厅会议并与150多个倡导团体进行磋商（Doctoroff，2009；Aggarwala，2007）。在区划方面，一般而言，波顿喜欢讲述她如何坚持要求城市规划者参加社区委员会会议，亲自走上街头，并对他们所观察到的东西进行草图绘制的故事，同时始终牢记团体是社区的“骨干”（Washburn，2008a；Burden，2007a）。

曼哈顿第四社区委员会（Manhattan's Community Board 4）代表了位于哈得孙广场以北的克林顿/地狱厨房（Hell's Kitchen）[①]街区，为重新区划提供了一个良好的替代方案。2007年12月，城市规划委员会提出了将社区重新区划的提案，该社区以第十大道和西区高速公路、第43至第55街为界，是统一土地使用审查程序要求的公共外展过程的一部分。在那次演讲中，一个名为“西区社区联盟”

① 曼哈顿的一个地区名。

（Westside Neighborhood Alliance）的团体以自己的关注点和发展优先事项清单作为回应，包括在该地区建造和保护可负担住房。6个月后，曼哈顿第四社区委员会的克林顿/地狱厨房用地委员会（Clinton/Hell’s Kitchen Land Use Committee）举办了第二次会议，在会上，城市规划委员会代表埃里卡·赛尔克（Erika Sellke）提交了重新区划提案的修订草案，并指出城市规划委员会是“社区委员会在此过程中的共同申请人”。[7]然而，曼哈顿第四社区委员会主席安娜·海耶斯·莱文（Anna Hayes Levin）在介绍性发言中指出，尽管重新区划是“城市规划委员会和我们一起做的事情，而不是对我们做的事情”，但在委员会“最终同意和我们合作”之前，必须先“哄骗”他们。没过多久，很明显参加会议的社区成员并不信服。赛尔克对修订后规划意图进行了技术官僚式的、注重细节的描述，包括鼓励在第十一大道以工业为导向的西侧开发住宅和办公室，并保留街道中间街区的“典型的克林顿步行”住宅性质。随后，游行的地区居民站到一个开放的麦克风前表达他们的不满。大多数人显然感到沮丧，有些人变得情绪化。他们一个接一个地说，不只是为重新区划而争论。他们要求建造更多的医院和绿地，要求“可负担住房，而不仅仅是居住的场所”。最后，一位母亲泪流满面，她说她害怕女儿永远都找不到学校。她强调说，“你们带来了更多的居民，但没有带来更多的学校”。

正在消失的滨水就业区

然而，第三个同样有争议的重新区划的焦点是将历史上用于工业或制造业的大片土地转变为办公和住宅用途，特别是沿着大型滨水地产，被认为是城市重建的理想选择，尽管主要是市价商品房，且在许多情况下是豪华住宅（例如，参见Bloomberg，2007）。然而，尽管有相反的建议，到21世纪的第一个10年结束时，纽约市并没有完全放弃工业。尽管所生产的商品性质从船舶和纺织品变成小众细分市场，如特色食品、高端照明和百老汇演出布景，到2008年，工作岗位总数已经减少到以前水平的一小部分，但大约10.5万名纽约人仍然以制造业为生（Pratt Center for Community Development，2008）。同样重要的是，与零售（3.9万美元）或食品服务等其他蓝领职位相比，这些仍然存在的制造业工作通常提供更高的工资——平均年薪4.9万美元（Pratt Center for Community Development，2008）。

2005年，工业和制造业办公室（Office of Industrial and Manufacturing Business）成立，作为布隆伯格政府“综合产业政策”的一部分，其中包括努力促进工业扩张和管理新创建的工商业区（IBZs），表面上是作为实现城市经济基础多元化的一种手段。尽管如此，该市的重建政策和重新区划计划与通过刺激对住宅、商业和混合用途等替代用途空间的需求，从而推高房地产价值而为保留工业所做的任何努力背道而驰。2002年，纽约市有12542英亩的土地被划为制造业用地；到2008年，这一数字减少了20%，降至10746英亩，另外1800英亩预计通过未来的重新区划转换为其他用途（Pratt Center for Community Development，2009）。在2003年至2008年年底批准的95次重新区划中，四分之一制造业用地将转换为其他用途，而没有一个增加了可用工业用地的数量（Pratt Center for Community Development，2009）。普瑞特中心的布拉德·兰德在哥谭中心论坛期间指出，“我们在城市中只留下了有意义的制造业，因为我们利用州政府强大的监管权力要求在某些地区你可以用你的财产做这些事情。可能曾经有一段时间，各种用途的经济组合能够自己维持下去，但对我们制造业空间的威胁是租金。这些房产的所有者希望将其转换为住宅开发，因为如果允许他们转换为住宅开发，他们可以赚更多的钱”（Lander，2006）。同样，仅仅因为土地被划为工业区，并不能保证它用于制造业。纽约市的区划规定允许大型零售店、购物中心、酒店，在某些情况下甚至是办公楼占用工业用地，波顿指出，政府愿意鼓励这一点，“因为这会产生大量的就业机会和税收”（Burden，2006a）。

工业和制造业办公室的努力也表明，政府只是慎重地保留了最低限度的制造业水平，进而是某种类型的制造业。到2008年，工业和制造业办公室已经创建了16个工商业区，占地4100英亩，不到2002年制造业总用地的三分之一，也不到剩余工业区面积的一半，其中没有一个在曼哈顿。大多数现有的工商业区都是与当地非营利性发展公司合作运营的，并获得了市财政支持，到2009年，市财政直接资助了1700万美元，税收抵免高达900万美元，以协助企业搬迁，并为员工培训和援助提供拨款。尽管如此，与向数十个单独的私人重建项目中的任何一个提供的巨额公共补贴相比，这种支持相形见绌。[8]

总而言之，将工业空间转换为其他用途被纳入政府提议的多项重建项目之中，其中包括许多引人注目的项目。哈得孙广场的重建是最雄心勃勃的项目之一，按2004年的设想，该项目预计将进行40多年，需要由市和州分担50亿美元的开发成本。仅从南面来说，西切尔西第十大道和第十一大道的部分地区以及一些街区中间的小街道，历史上是纽约市肉类加工区的所在地，于2004年被重新区划，允许建造阁楼公寓和商业建筑。切尔西码头对面允许建造俯瞰哈得孙河的高层塔楼，高线附近房产的所有者获准出售他们即将变得更有价值的新建筑和更大建筑的空间权，包括豪宅住房，即使是一个新生的艺术画廊区，也通过保留其制造业区划来保护其免于重建。如果开发商同意在某些街区包括一定比例（通常为总数的20%）的中低收入住房，就可以获得包容性区划或密度奖金。早些时候，皇后区长岛市的部分地区，与曼哈顿隔东河相望，是为2012年夏季奥运会拟建的奥运村中心，已从制造业重新区划为办公和住宅区，布鲁克林绿点和威廉斯堡1.5英里的工业滨水区被重新区划，以容纳一个公共公园和长廊，周围环绕着大部分是35层楼高的豪华住宅楼。

在每一种情况下，重新区划都具有提高土地价值的预期效果，以此作为鼓励重新开发的手段。在采访中，波顿谈到了拟议的重新区划以“增加价值”（Vitullo-Martin，2008）和提高房地产价格的潜力，布隆伯格在曼哈顿研究所的一次主题演讲中大肆宣扬重新区划是一种吸引“私人资本”的机制（Bloomberg，2007）。对政府而言，这是让市场力量“释放城市未充分利用土地的潜力”努力的一部分，这将使整个城市受益，包括现有的社区成员（Bloomberg，2007）。但在许多情况下，重新区划只会鼓励投机行为，提高社区的房价和租金，使那里居民的生活成本越来越高。在一个例子中，波顿自豪地指出，自2009年6月公园的第一部分开放以来，到2011年，与高线公园相邻的重新区划社区的一栋建筑中的公寓价格翻了一番，达到每平方英尺2000美元（McGeehan，2011）；在另一个例子中，一位互联网房地产博主滔滔不绝地讲述了曼哈顿下城翠贝卡区（TriBeCa）华盛顿街的一处房产价值如何在重新区划后从“500万美元左右”飙升至690万美元。这位房地产经纪人博主建议，“聪明的买家会明智地跟踪潜在的重新区划。如果您对土地储备有耐心，那将是非常有利可图的”（Nelson，2011）。同样，纽约大学弗曼房地产和城市政策中心（Furman Center for Real Estate and Urban Policy）发布的一项研究得出结论，以社区保护为导向的重新区划或细分区划更可能发生在白人居民比例更高、收入更高的人口普查区，而旨在提高人口密度的扩大区划则发生在收入较低、黑人或西班牙裔人口较多的人口普查区（Furman

Center for Real Estate and Urban Policy，2010）。因此，许多重新区划的目标社区的领导人和住房倡导者要求开发商提供低于市场价格的住房，但市政府官员认为，许多目标地区的高建设成本，尤其是滨水区，会阻碍开发商的建设。

可负担住房的高成本

尽管如此，政府还是将与区划相关的举措作为帮助解决纽约市可负担住房问题的一种手段。市长承认，如果没有某种形式的政府干预，在职穷人以及越来越多的中产阶层将被赶出纽约，因此市长于2002年12月公布了一项为期10年、耗资75亿美元的新住房市场计划（New Housing Marketplace Plan）。该计划提出，到2013年，新建9.2万套并保留另外7.3万套中低收入住房，据政府称，这足以容纳50万纽约人（New York City Department of Housing Preservation and Development，2002）。通过在谢尔曼溪（Sherman Creek）和贝德福-斯图文森（Bedford-Stuyvesant）等社区重新区划"未充分利用的制造业区"和"交通节点附近的在建大道"，政府认为它可以促进"成千上万"个新住房单元的创建（New York City Department of Housing Preservation and Development，2002）。据估计，其中68%的住房单元将专门用于收入低于该地区收入中位数80%的家庭，另外32%则针对中等收入群体，收入在5万美元至10万美元之间。[9]后一类中包括哈得孙广场和西切尔西社区重新区划的435个单元。

包容性区划，或提供密度奖励以换取提供可负担住房单元，是动员支持该倡议的另一种机制。包容性区划最初仅限于曼哈顿密度最高的地区，专门用于解决士绅化问题，2005年，政府将包容性区划扩展到外部行政区和中等密度地区。总而言之，该策略预计将产生6000套新的可负担住房，包括1100个住宅单元的斯蒂迪奥城（Studio City）开发中的220个，作为大规模哈得孙广场重新区划的一部分（New York City Department of Housing Preservation and Development，2002）。此外，纽约市收购基金（New York City Acquisition Fund）是一家价值2亿美元的公共/私人有限责任公司，旨在向小型开发商和非营利组织提供收购和开发前贷款，以在纽约市5个行政区建造或保护可负担住房，预计将产生3万套可负担住房。该基金利用4000万美元的城市和基金会资金，从"纽约市最大的银行和金融机构”吸引了另外1.6亿美元的私人资本（New York City Department of Housing Preservation and Development，2002）。最后一个来源涉及纽约市住房信托基金（New York City Housing Trust Fund）的建立，其中包括炮台公园城7000万美元的税收收入，与低收入住房税收抵免计划（Low Income Housing Tax Credits）一起，预计将为收入低于30%以及收入在该地区中位收入的60%到80%之间的家庭创造2000个住宅单元。截至2008年9月，即其预期寿命的中点，新住房市场计划（New Housing Marketplace Plan）已为82500个住宅单元提供融资，占其总目标数量的一半。

但与该市的许多项目一样，新住房市场计划依赖于政府补贴和私营部门融资的结合，并与私营部门贷款人和开发商融资、收购和建造可负担住房的意愿挂钩。这反过来又使这种努力依赖于更大的房地产动态，2008年秋季，全球经济放缓开始影响用于资助低收入住房建设的联邦低收入住房信贷额度，开发商的可用信贷额度开始缩减，由于经济形势严峻，布隆伯格政府被迫宣布将该计划延长一年。

规划部主任阿曼达·波顿认为，尽管面临这些挫折，但政府对重新区划的“积极”推动是一种有效的策略，可以诱使私营部门参与提供可负担住房。她在哥谭中心论坛期间回答观众提出的问题时曾说：“你知道这是全国最积极的可负担住房计划，包含了30亿美元和16.8万套可负担住房。这是令人难以置信的，这就是公共部门的能动性。是的，在每一项倡议中，我们都试图最大限度地利用可负担住房和公共空间。我们也在尽我们所能地压榨私营部门”（Burden，2006a）。

可以肯定的是，从住房倡导者到市政府官员甚至私人开发商都一致认为，建造可负担住房是纽约市最大的需求之一。然而，许多人质疑包容性区划是否是最好的解决方案，最终表明布隆伯格政府缺乏切实解决问题的政治意愿。在2007年11月举行的城市艺术协会论坛上，以“过度成功的城市：开发商的现实”（The Oversuccessful City: Developers' Realities）为主题的小组讨论会，与围绕简·雅各布斯和纽约未来的一系列活动一起举行。会上《纽约时报》记者查尔斯·巴格利提出，由于政府的积极重新区划，这座城市是否失去其“异质性”并成为“专为富人服务的城市”。这推动话题转向包容性区划及其旨在推动的可负担住房，小组成员，包括开发商德斯特集团（Durst Organization）的道格拉斯·德斯特（Douglas Durst）、纽约全光谱公司（Full Spectrum New York）的卡尔顿·布朗

（Carlton Brown）和国王港景集团（Kings Harbor View Associates）的格雷格·奥康奈尔（Greg O'Connell），以及宾夕法尼亚大学（University of Pennsylvania）城市和区域规划教授尤金尼·伯奇（Eugenie Birch）等，都同意这项方案应该是强制性和永久性的。但是，巴格利想知道，目前80%的市场价格住房与20%的可负担住房的比率是否足够？他问："那能满足需要吗？能满足需求吗？"布朗指出，私营部门建造可负担住房需要激励措施，包括廉价土地和税收抵免。但是，他承认，"80/20的比例并没有解决所有的需求"。他和奥康奈尔还指出，负担得起"对不同的人意味着不同的事情"，德斯特表示，没有理由要求可负担住房的比例不能更高。他认为，政府需要"推动开发商降低建造成本"（Municipal Art Society of New York，2007b）。

即便如此，巴格利建议，"是否有可能创建体现雅各布斯理念的混合用途社区？"这次伯奇回答了，她将雅各布斯称为"士绅化人士"，认为"如果纽约要成为一个成功的城市，就必须制定规则。开发商会遵守规则，但你不能一点一点地讨价还价。纽约市会坐在那里等待开发商到来。这座城市并不主动，它是反应式的"。

其他批评者指出，住房市场的周期性和经济衰退的不可避免性突显了政府依赖私营部门参与提供可负担住房的固有缺陷，有人认为，将私人房地产转向解决这个问题代表了新自由主义放弃了必要的政府职能。为了回应波顿在哥谭中心论坛上的说法，纽约城市学院城市设计项目主任迈克尔·索金表示，纽约市通过直接公共投资创造了"一个对所有公民都友好的城市"的经验，提供了"一个警示故事"（Sorkin，2006）。"无论城市的包容性区划计划多么受欢迎，它们似乎与住房危机的严重程度不同步。"与此同时，时任普瑞特社区发展中心主任的布拉德·兰德指出，政府政策中存在一个基本矛盾，即决定哪些社区有资格进行细分区划以保护现有特征，哪些有资格扩大区划以容纳未来几代纽约人和他们可能会在其中工作的办公室开发项目。他指出，当地社区团体已与普瑞特社区发展中心就绿点滨水区的重建开发进行了合作，提议在新开发项目中提供低收入住房，并寻求区划调整，以进一步保护制造业。但是当他们提出替代方案时，市政府官员回应说，市场无法支持他们。兰德告诉《纽约时报》的巴巴内尔，"他们支持在史坦顿岛以反市场的方式使用区划，以保护社区，但他们不愿意将其用于更广泛的社会和政治目的"（2004）。

第 章

思想融合

正如我们迄今为止所见，简·雅各布斯和罗伯特·摩西的思想在关于城市形态和重建的辩论中，以各种方式并在多个层面继续产生共鸣。在特定时刻和特定地点，两人都成为一种基础象征，成为为规划理论家和实践者的工作提供思想指引的城市偶像，也成为关于如何最好地规划和建设城市的发展逻辑争论的基石。在21世纪初的纽约市，布隆伯格政府将同时呼吁两人的思想，这证明了两人思想内涵的持久共鸣。

然而，在市长任期中期，对政府重建议程的批评越来越多，这使人们对有可能建造和重新区划的建议提出质疑，“再一次，像摩西一样建设，但要坚定地融合简·雅各布斯的理念”（Burden，2006a）。至少，它主张明确解释这在重建政策方面可能意味着什么。毕竟，对于大多数城市观察者来说，这样的断言需要相当大的逻辑飞跃，尤其是在这样一个城市，几十年来，对摩西过度行为的负面反应以及与雅各布斯地方主义的积极联系一直主导着关于重建的辩论。但随着哥伦比亚大学历史学家肯尼斯·杰克逊和希拉里·巴隆重新打开大门，质疑盛行的“雅各布斯是对的、摩西是错的”的二分法的狭隘性，对这两位的全面重新评估似乎就显得顺理成章了。

简·雅各布斯的重生

多年来，正如阿曼达·波顿所言，人们理所应当地断言雅各布斯在城市理念之战中“占了上风”，并且她的“影响力更加根深蒂固，城市主义者、规划者和民选官员能广泛感受到”（Burden，2006）。然而，人们可以合理地认为，随着时间的推移以及城市贫困、不平等、缺乏可负担住房以及阶层和种族隔离的顽固存在，都要求对雅各布斯进行新的、更细致的解读，就像巴隆和杰克逊的修正主义所依据的主张，即应该从今天的角度判断摩西，而不是从他运营的战后时期的直接后果评判他。毕竟，雅各布斯的想法本质上是对摩西所体现的战后城市更新和大规模规划逻辑的回应。这个时代已经过去，取而代之的是一种新型全球化城市主义，它拒绝广泛的联邦计划、大规模的公共住房项目，支持公私合作的自上而下的规划、补贴住房券和参与式规划（Brash，2006；Brenner，Theodore，2002；Harvey，2008a；Smith，2002；Peck，Tickell，2002）。当原有的社会、经济和政治逻辑发生转变时，雅各布斯关于宜居城市构成要素的原则是否仍能引起共鸣，这似乎是一个值得探讨的问题。

例如，在《美国大城市的死与生》中讨论小街区的价值时，雅各布斯带她的读者参观了曼哈顿上西区（Upper West Side of Manhattan）。她将哥伦布大道（Columbus Avenue）从第80街到第89街描述为“无尽的商店和令人沮丧的商业标准化主导”。这些商业集中在那里是因为800英尺的街区太长，阻止了该区域居民形成“合理复杂的城市交叉”（Jacobs，1992，p180，p181）。在哥伦布（Columbus）和中央公园西部（Central Park West）之间到处是像第88街那样的街道“四处”延伸。阴暗的长条状街道单调而黑暗，被雅各布斯形容为“沉闷的大枯萎（the Great Blight of Dullness）”和“衰败的停滞”，她认为这是“城市失败”的典型代表（Jacobs，1992，p180，p181）。

对雅各布斯来说，曼哈顿的上西区是“相当失败的”（Jacobs，1992，p204）。

即便纵览50年，西80区与哥伦布大道垂直的街道，至少在物理特征和用途上看起来没有什么变化。西88街依然有800英尺长，一字排开，通向4到5层的住宅楼。没有底层零售，没有中等街区的裁缝、锁匠或咖啡馆。除了一所学校和最近增加的俯瞰中央公园的高层公寓大楼外，事实上，街区和里面的建筑物和雅各布斯所描述的几乎一致。那么该如何解释这一街区是纽约市最理想的居住地之一，拥有曼哈顿一些价值最高的房地产住宅呢？[1]作为一个严重失败的街区，西88区却在纽约市的中上阶层中占有特殊的地位。这就引出了最初的问题：雅各布斯提出的创造她认为对成功社区必不可少的多样性的先决条件——小街区、新旧建筑的混合、混合用途和人口密度，在21世纪的前10年是否像它们在将近50年前那样仍然有意义？

简短的回答是，在最近几轮的重新评估中，不乏质疑雅各布斯在城市理念之战中毫无问题获胜的声音。一些批评者指出，《美国大城市的死与生》中提出的解决方案对当代城市面临的各类问题几乎没有给出答案（Ouroussoff，2006a；Perrine，2008；Zukin，2010）。他们指出，尽管从20世纪60年代后期开始，城市规划者广泛采用了她的许多原则，但总体而言，城市，尤其是纽约市，仍然因为难以处理的问题如交通拥堵、人口增长，以及缺乏可负担住房而陷入瘫痪，有组织的逐步改变的社区并不能发挥什么作用”（Sorkin，2008）。其他人认为，雅各布斯对地方的关注忽略了21世纪出现的城市化的全球属性（Fainstein，2005a；Harvey，2008a），她对格林威治村街区的看法是“一个社会工程”，是“其身处时代的产物”（Zukin，2010，p15）。社会学家莎伦·祖金最终将问题归咎于雅各布斯未能预见到她所给出的解决方案会导致“对早期工厂工作和大规模迁移时代的集体失忆，正是这些工作和移民使这些社区充满活力”（Zukin，2010，p23）。

可以肯定的是，雅各布斯仍然具有强大的影响力。正如展览“简·雅各布斯与纽约的未来”所展示的那样，她作为社区组织者和活动家所做的努力仍然是其遗产中受到普遍认可的元素。她的观点继续为符合资本积累逻辑的城市主义概念提供素材，即使她思想中的某些方面需要其他的甚至是马克思主义的表述。例如，激进的城市主义者亨利·列斐伏尔（Henri Lefebvre）找到了与雅各布斯的共同点，即共同欣赏街道的混乱和无序（Lefebvre，2003），并且敏锐地将城市视为“动态的核心，是一个充满活力、开放的公共论坛，充满鲜活的故事和‘迷人的’邂逅”（Merrifield，2006，p71）。然而，与雅各布斯不同的是，列斐伏尔坚信这种活力的本质是“脱离了交换价值”，而不是交换价值的根本贡献者（Merrifield，2006，p71）。

同样，构成雅各布斯城市理解基础的生态框架仍然是其思想的基石，催生了新一代的规划师、城市理论家和设计师，他们相信不仅可以识别，而且可以有意识地复制成功社区的物质条件。随着时间的推移，这种生态敏感性甚至产生了“最佳实践”方法，用于确定什么在“健康的城市‘生态系统’”中起作用，并将这些要素纳入新项目（Kidder，2008，p259）。建筑师亚历山大·库珀和斯坦顿·埃克斯图特基于这样的实践制定了炮台公园城的设计标准。而雅各布斯在她的作品中首次阐述的广泛的城市设计主题现在已融入新城市主义大会（Congress for the New Urbanism）的原则和全国城市的区划条例中。此外，它们传达了区域规划协会等区域规划机构的最新想法，并已成为近期城市战略的关键，以振兴经济上未充分利用的城区，正如理查德·佛罗里达的创意阶层概念所证明的那样。

但是，虽然雅各布斯是“一流的城市观察者”，她“提醒我们只有用眼睛、脚和耳朵才能完全理解城市”（Ouroussoff，2006a，C1），但她将观察能力主要集中在社区上，例如，在《美国大城市的死与生》中她只用了两句话提到布朗克斯区（Perrine，2008）。她将自己的城市体验视为衡量所有城市体验的标尺（Montgomery，1998）。雅各布斯的模型是格林威治村，在某种程度上与波士顿、巴尔的摩（Baltimore）、芝加哥（Chicago）和路易斯维尔（Louisville）的社区相似，她的想法受到她在那里所见所闻的限制（Berman，1982）。因此，虽然她写了拥抱混乱，反对摩西强加秩序的使命，但她支持城市生活的混乱和多样性的意愿仅到此为止。对雅各布斯来说，设计可能有助于“阐明、厘清和解释城市的秩序”（Jacobs，1992，p375），但她抨击了使城市变得更好的生搬硬套的公式，即使在书中她提倡的解决方案也倾向于强化在自己的社区中找到并珍视的价值。隔着这些年的面纱，人们不禁怀疑，雅各布斯是否有意或无意地成为某些特定的街道和社区的拥护者。这些街道和社区拥有陈旧的特色、褐砂石建筑、丰富的文化遗产和充满活力的特征，或者至少是其中的一些模样，展现出这里居民的正直性和建筑物的潜在房地产价值。

虽然雅各布斯明确主张不同年代和不同类型建筑的混合使用，用较密的街道划分街区并促进互动，但她的邻里多样性概念偏向于在物理环境中形成。事实上，在讨论其他类型的多样性的时候，雅各布斯也将物理差异作为其原因（Fainstein，2005a，p5），认为通过促进物理层面的多样性，其他类型的多样性将随之而来，包括一个扩大的公共领域、一个活跃和有自主权的社会群体多样性，以及各种用途的混合。因此，在《美国大城市的死与生》中，雅各布斯只提到了三次种族隔离（Montgomery，1998），她描述的格林威治村社区在种族上是同质的（Berman，1982）。在她的街区，居民不仅彼此认识，而且长得相似，拥有相同的社会价值观，似乎生活在一个共同期望和自然和谐的完美泡沫中。

早期的手稿中，雅各布斯探索了最终会写入她的书中的主题，她惊叹于“公共生活和私人生活之间的平衡”，即它由“许多细小的、被谨慎管理的细节和被实践并接受的共识组成，所以它们被认为是理所当然的”（Jacobs，未注明出版年）。在这里，当地企业主和店主——就像“贾菲先生（Mr. Jaffe）”一样，“他的正式商业名称是伯尼（Bernie），是街角糖果和杂货店的老板”——在邻里生活中实际上充当仲裁者的角色，是当地小型企业的榜样，雅各布斯认为，这些当地企业不仅为社区提供经济活力，而且建立了其基本规范和惯例（Jacobs，未注明出版年）。[2]对雅各布斯来说，贾菲是“务实、守法、致力于‘自由企业’和‘社会流动性’的公民组成的小型企业社区的代表”（Jacobs，1992，p190），在这个社区，他最重要的工作是加强和执行规范性行为，使其众所周知，让街道的商业和生活变得安全。当然，贾菲非常愿意将这些“理所当然”的行为规范投射到社区，而且他也很可能被人看到对试图购买香烟的孩子们说教，并为那些“坏小子”制定行为规范，这些坏小子的粗暴行为很少被关注，但仍然被认为有损街道的秩序感（Jacobs，未注明出版年）。在《美国大城市的死与生》中，这种非正式的社会控制手段出现在雅各布斯的“街道眼”概念中，就像她的许多想法一样，它随后被转化为通用设计标准，这一次是为了使社区安全（Newman，1996）。

尽管雅各布斯提出，所有这些从当地居民的自我监管到为社区提供经济基础的市场逻辑都是某种“复杂的、潜在的城市秩序”的一部分，并且直接反驳了认为她是反政府自由主义者的断言（Anderson，1964；Ballon，2006；Husock，1994），雅各布斯认为政府在培育功能性社区方面发挥着重要作用。她写道，公共政策可以通过协调城市的“棋子”，将主要土地用途作为其他用途的孵化器，鼓励土地混合用途，从而鼓励多样性（Jacobs，1992，p167）。她指出，其他类型的多样性“直接或间接地取决于丰富、方便、多样化的城市商业的存在”（Jacobs，1992，p148）。简而言之，雅各布斯认为“公共干预对于确保市场产生人本化的和功能化的多样性至关重要，这正是她推动城市优化思想的种子”（Sorkin，2006）。今天，这种公共干预采取了混合用途区划的形式，在纽约市，这是雅各布斯遗产在布隆伯格政府重建议程中延续的最重要的方式之一。

雅各布斯对“失败的”城区也有很多看法，包括那些她称为“破坏性”（Jacobs，1992，p230）或“低经济性”（p231）的土地使用的地区，比如垃圾场和二手车场，对她而言，这意味着城市的某一部分没有充分发挥其经济潜力。在她看来，这些空间的破败和凄凉并不是因为这些用途位于那里，情况恰恰相反：这些用途被不成功的空间所吸引。在她看来，这就是所谓的“枯萎病”（blight）。

她认为，“可能每个人（可能除了这些对象的所有者）都同意，这类用途正在枯竭”，而挽救空间的唯一解决方案“是培育一种经济环境，使更重要的土地用途有利可图且合乎逻辑”（Jacobs，1992，p230，p231）。然而，她没有说汽车修理店或仓储设施等低利润的经济用途最终应该在哪里运作。也许在她支持的成功城市中，这些用途根本不存在。

雅各布斯和摩西的交汇点

因此，在这一点上，问题不再是雅各布斯是否认为城市需要积极的政府干预来塑造建筑环境，以达成某些目的和实现特定的价值，而是她认为那些影响城市最终形态的目的和价值应该是什么。从这个意义上说，雅各布斯与摩西有很多共同之处，虽然她的支持者并不愿意完全承认这一点。回到我们最初的问题，这些相似之处是什么？

首先，摩西和雅各布斯都将建成环境视为问题的根源，因此他们将精力集中在空间转化上，而不是重新构想潜在的社会或经济过程，以减轻列斐伏尔眼中“经济增长和竞争的残酷要求”（Lefebvre，1996，p149）。事实上，这些操纵空间的尝试忽视了过程中发挥作用的整体性力量，并将空间简单划分为“健康的和患病的空间”，然后可以将其诊断并重新构想为“和谐、正常和规范化的社会空间”（Lefebvre，1996）。尽管雅各布斯和摩西，作为列斐伏尔所谓“空间医生”的例子（Lefebvre，1996），对物质意义上良好环境应该是什么样子存在本质上的分歧，但他们全心全意地接受了这样一个概念，即私人企业偶尔会得到公共政策的高度支持，这是重塑空间的最佳手段。

在摩西的案例中，“第I条”中的贫民窟清理和后来的城市更新迭代都基于这样一种观念，即解决贫民窟的普遍存在以及与之相关的社会问题的最佳解决方案是大规模清理，而非逐一修复个别建筑物或街区，随后是通过重新规划并最终对公共住房进行私营重建。

对于雅各布斯来说，关注实践形式是她和那个时代其他批评者对摩西现代主义议程在社会工程方面的直观反馈。摩西和其他人将枯萎病和城市衰落视为一个住房问题，并提倡大规模的贫民窟清理和社区更新，而雅各布斯则提出了一种更加有机的、自己动手的复兴，其理念是活跃的街道、新老建筑的混合、充满活力的小企业以及大量“街道眼”是一座城市成功的关键。她贬低了1954年替代贫民窟清理做法的保护和修复政策所支持的更新类型，主张资金更加渐进地流入：

> 城市中进行重建的地方，因为社区人口在经济状况改善时会选择留下而不是离开，所以这种修复不会一步到位。这样一个社区的吸引力之一是它的人口稳定。但是，这些稳定的人口不会同时或同等程度地改善他们的经济状况。在修复（rehabilitation）的城市更新理念下，每个人都应该能够进行修复（rehabilitate）改造，或者能同时或多或少地支持为他们所做的修复。那些做不到的人并不适合这个计划。（Jacobs，1962，p2）

她的批评可能暴露了大规模修复的“灾难性”资金（mass rehabilitation's catastrophic money）的破坏力；然而，它没有预见到修复精神会以一种固有的方式在整个社区产生反响，这种方式本身会迫使那些无论出于什么原因没有办法参与这一过程的人离开。对于那些拥有房地产或住房的人来说，逐步修复无疑具有经济意义，并且随着房产价值的升值，他们可以享受改善的前景。但在像纽约这样的城市，绝大多数居民没有属于自己的房屋，那些租房者最终要承受社区重振所带来的租金上涨的冲击，很多情况下他们将流离失所。[3]

摩西和雅各布斯二人迷恋建成环境的另一个核心原因是，他们相信私人市场伴随着有选择性的政府干预，能够解决城市住房问题。事实上，这种对自由企业的欣然接纳是雅各布斯和摩西最重要的融合点之一。正如巴隆指出的那样，摩西坚信私营部门有能力解决中产阶层住房问题（Ballon，2007，p97）。同样，雅各布斯和她在西村的“波西米亚人”追随者认为“私营企业可以很好地完成可负担住房的开发工作，而且不需要任何公共补贴”（Lander，2006）。在对“资助和塑造城市住宅和商业地产中大部分变化”的三种货币形式的批评中，雅各布斯对公共资金的判断标准是摩西时代诞生的公共住房项目和清理计划，以及由联邦住房管理局（Federal Housing Administration）和当时的退伍军人管理局（Veterans Administration）提供的郊区建筑抵押担保（Jacobs，1992，p292）。她指出，这些程序很容易表现出灾难性的行为，“就像恶劣气候的表现，要么承受灼热的干旱，要么承受巨大的、侵蚀性的洪水”（Jacobs，1992，p293）。她断言，培育健康社区所需的，以及支持和鼓励渐进式变革的资金目前还很短缺。

因此，雅各布斯和摩西都认为空间与资本关系是以房地产为基础的经济发展的种子，这是城市复兴的关键。摩西的方法是通过清除贫民窟和枯萎病，隔离公共住房，以及发展林肯中心和联合国大厦等公众机构来达到城市复兴。雅各布斯的设想是对有抱负的社区进行一户一户、一个街区一个街区的修复。罗伯特·卡罗在其普利策奖获奖作品中讲述这个故事的方式：无论是站在悬崖上俯瞰大理石山（Marble Hill）的“肮脏的棚户区”（Caro，1975，p534），还是走过法拉盛草甸（Flushing Meadow）的“灰烬谷”（p1083），摩西根本不关心造成纽约市胡佛维尔（Hoovervilles）或居住在其中的无家可归者的系统性不平等和市场失灵。相反，他看到了枯萎和浪费的空间并致力于将其抹去。事实上，这是卡罗叙述的一部分，巴隆欣然接受。她认为：

> 摩西了解纽约市房地产和住房市场的动态变化不会产生负担得起的中等收入住房。他警告说，除非政府干预，否则曼哈顿将成为贫富两极分化的城市。他利用“第I条”城市更新计划为教师、护士、服装工人、市政雇员这些中产阶层建造可负担住房。（Ballon，2006）

雅各布斯也设想了一个由中产阶层和那些渴望到达中产阶层的人居住的城市，尽管现在由上班族和艺术家组成。

虽然她对郊区的阶层分层感到遗憾，她声称郊区缺乏公共生活就意味着不存在混合的机会，但她忽略了这样一个事实，即虽然这些机会存在于城市中，城市中人群确实混合在一起，但这并不意味着阶层差异消失，或者它们在物质方面无关紧要。今天，来自纽约市任何一个街区的贫困儿童都可以在格林威治村的操场上和富裕儿童一起玩耍，但他们的工薪阶层父母仍然难以支付房租，而且没有医疗保险。

雅各布斯并不完全反对穷人。在《美国大城市的死与生》中，她指出了贫民窟清理和城市更新项目的家长式性质，认为修复贫民窟“不是简单地提供更好住房的问题”（Jacobs，1992，p271）。她甚至建议，不应将贫民窟居民视为受害者，而应将他们视为有能力（如果他们选择这么去做的话）改善自己生活的人。

在她看来，贫民窟持续存在的原因是，一旦一个地区开始清理贫民窟（unslum），就会有太多的人过快迁出。引用格林威治村和波士顿北区（Boston's North End）的人口普查数据，她认为去贫民窟化（unslumming）“并不代表旧的贫民窟人口被新的和不同的中产阶层人口取代；它代表了大部分老年人口进入中产阶层”（Jacobs，1992，p281）。因此，在她看来，成功的去贫民窟化取决于保留足够多的现有居民和企业，而不是那些代表低经济或破坏性用途的经营企业。随着时间的推移，这些现有的居民和企业将获得“适度收益”，从而逐渐提高“成功或雄心的门槛”，并一点一点地振兴社区（Jacobs，1992，p230，p232）。

尽管如此，她没有提供实现这一目标的具体机制，也没有解释那些留下来的人如何实现阶层飞跃，只是模糊地认可有机再生是一种避免滑向永久贫民窟的手段。她断言，“城市壮大了中产阶层”，而这反过来又是“形成个体多样化人口的稳定力量”（Jacobs，1992，p282）。雅各布斯承认，随着社区的改善，寻求“适合城市生活的居住地”的新移民会想要搬进来，但在她看来，他们只会增加多样性并为社区的新成功标准作出贡献（Jacobs，1992，p283）。一旦社区的居住特征多样化，商业多样化自然会随之而来，继而，来自其他社区的“访客和交叉使用”将在她所描绘的一个持续的、不可避免的自然过程中发生。

因此，雅各布斯关于去贫民窟化的经验教训提供了一个与城市更新影响的对比，但没有说明贫困的潜在政治经济原因以及房地产市场在财富创造和分配不均中的作用。事实上，她的假设基于一个社会经济的“神话”，在这个“神话”中，创造财富的果实自然会渗透到那些努力工作并渴望拥有自己的家园的人手里，并成为基于资本主义制度原则的规范社会的忠实、有生产力的成员。

她写道，“去贫民窟化发生的过程取决于这样一个事实，即大都市经济如果运转良好，就会不断将许多穷人转变为中产阶层，将许多文盲转变为有技能（甚至是受过教育）的人，将许多新手转变为称职的公民”（Jacobs，1992，p288）。[4]当然，这些大都市经济体并不会总是运转良好，正如在1973年、1988年、20世纪90年代初期和末期以及2008年次贷危机期间的周期性资本危机，使我们痛苦地认清了这一点。在这些情况下该怎么做只是雅各布斯方程式中许多未解情形之一。

最终，雅各布斯甚至将她本身变得有家长作风。她所描述的那些“永久贫民窟”或“没有任何社会或经济改善迹象”的地区之所以持续衰败，是因为那些足够聪明、足够雄心勃勃、足够进取的人已经离开了，只留下“无动于衷的”和

"移民来的乡巴佬"，他们有限的经济视野注定了他们会生活在最糟糕的城市社区（Jacobs，1992，pp272–274）。[5]如果他们的社区有所改善，以及当他们的社区有所改善时，他们最终会变成什么样子从来没有明确过。尽管雅各布斯谴责城市更新模式中清除贫民窟难以摆脱"贫民窟转移"，但除了那些能够靠自己的力量进入中产阶层的人之外，她从未考虑过任何其他的人。

显然，雅各布斯对贫民窟和成功城市的看法中存在空间决定论，这是其提倡依托建成环境促进活力和多样性的思想的核心。如前所述，它为库珀和埃克斯图特对炮台公园城的愿景以及库珀后期参与"纽约2012"计划和哈得孙广场总体规划奠定了基础，并且已成为新城市主义议程的基本要素。尽管新城市主义宪章（the charter for New Urbanism）声称"认识到物理解决方案本身并不能解决社会和经济问题"，但它坚持认为，显然是借鉴了雅各布斯的观点，"经济活力、社区稳定和环境健康"不可能"在没有一个清晰和支持性框架的情况下持续下去"（Congress for the New Urbanism，2001）。炮台公园城规划的混合使用和设想的主要街道有意识地按照雅各布斯在"空气"中生产多样性的原则进行设计（Cooper，2009）。

但这些空间本身就引起了批评。一些人认为，在那些歪曲雅各布斯初衷的人中，新城市主义者是罪责最大的，他们将"她对街角商店和繁忙街道的看法简化为一种肤浅的城镇公式，创造了城市多样性的幻觉，但掩盖了其核心令人窒息的统一性"（Ouroussoff，2006a）。正如雅各布斯通过将空间形式凌驾于社会进程之上而忽略了贫困的真正问题一样，新城市主义试图通过设计新的城市物理环境简单地掩盖社会不平等（Harvey，1997）。与此同时，炮台公园城被描述为"孤立的、自我封闭式开发"的早期模式，或者说，是曼哈顿"曾经被遗忘的滨水区"的延伸，但其开发愿景是作为"后工业服务中心，计划用于吸引年轻的城市专业人士和双收入无子女夫妇越来越多地移居到城市"（Boyer，1992，pp183–184）。

雅各布斯和士绅化

虽然可以为雅各布斯的修复精神与早期社区层面的士绅化更新方式之间的关系提出明确的（即便是有争议的）案例，但她的想法也在该过程的最近表现中占有突出地位。[6]随着《美国大城市的死与生》一书的出版，雅各布斯将加入那些早在20世纪60年代就把纽约市的滨水就业区视为“资产浪费”的人群之列（Jacobs，1992，p159），她呼吁将滨水区的重建作为多元化的一种手段，从而催化曼哈顿下城的经济发展。雅各布斯指出，该地区虽然追求以金融和办公为主导功能，但不得不面对周围“停滞、衰败和空置的环抱”，而一个“伟大的海洋博物馆”配有游船和海鲜餐厅的登船点，“又迷人又咸，像艺术一样”，将吸引居民、公司和游客（Jacobs，1992，p155）。在更加内陆的地方，她建议设立一个专门的海洋图书馆分馆、免费水族馆和廉价的歌剧院（Jacobs，1992，p159），将用来在下午晚些时候和周末吸引游客，以应对该地区仅在工作日白天被办公人士密集使用的情况。雅各布斯推断，随着该地区在非工作时间活跃起来，新的住宅用途将“自发地出现”（Jacobs，1992，p160）。

20多年后，雅各布斯对该地区的优化方案在“南街海港”（South Street Seaport）的建设中得到了体现，这是一个位于曼哈顿金融区（Manhattan's Financial District）北部东河上的私人重建项目。在这里，19世纪早期的账房被改造成博物馆、精品商店和餐馆，将纽约市商业时代“废弃建筑的剩余空间”转变成迎合华尔街员工、游客和城市冒险家的“高档市场”（Boyer，1992，p181）。南街海港被指定为历史街区，配有可以让人联想到“城市海洋历史”的翻新船只的泊位，这是雅各布斯风格的内城市场的又一次迭代，最初由购物中心开发商詹姆斯·劳斯（James Rouse）构思并且之前在波士顿的法尼尔大厅市场（Faneuil Hall Marketplace）、马萨诸塞州沃尔瑟姆（Waltham）附近的南街市场（South Street Market）以及巴尔的摩的海港广场（Harbor Place）实施。内城市场被宣传为“集购物、娱乐、办公和住宅开发为一体的游憩区”（Boyer，1992，p181）。这些反现代的城市更新项目融入了炮台公园城和新兴的新城市主义运动，借鉴了雅各布斯的核心理念，同时唤起了一种怀旧感，并且引用了人们所认为的历史鼎盛时期的元素来传达新的城市抱负。[7]

然而，他们是否成功取决于个人的观点。对于那些设计和规划这些重建计划的雅各布斯衣钵的继承者来说，成功的社区可以通过它们提供的生活质量来定义，而良好的，或者至少可以接受的生活质量，则是由一种以明确阶层为导向的某些便利设施如开放空间、餐厅、商店、咖啡馆和博物馆等的使用机会决定的。从这些设计师和规划者的角度来看，这样的便利设施代表了雅各布斯对混合土地用途的解决方案，按照她的逻辑，它们会吸引更高标准的潜在居民，从而刺激额外的投资。正如规划历史学家大卫·戈登（David Gordon）在详细描述炮台公园城发展故事时指出的那样，公共空间需要优先完成，“在私人开发之前完成，以增加相邻地点的价值”并塑造“该项目对城市其他地区和潜在私人投资者的形象”（Gordon，1997，p81）。[8]

在新兴的全球城市化形式中，在城市之间展开的位置竞争游戏中，这些重建项目也成为核心要素，某种意义上可以说是武器。如果一个城市要吸引金融、广告、保险、时尚、设计和艺术公司，以确保其在全球精英城市网络中的成员资格，它就必须推销自己，用设计元素和建筑模式讲述它的宜居环境（Miles，2000）。随着地方政府通过区划法规和设计指南指导重建，炮台公园城、翻新后的时代广场和南街海港等地的“建筑师和艺术家将他们的设计重点放在吸引白领工人和中上阶层消费者的口味上”（Boyer，1992，p193）。

然而，对批评者来说，这些重建项目暗示了原真性的假象（Fainstein，2005b），它们浪漫化了城市的过去，甚至抹去了工人阶层的历史，并且通过设计社会经济多样性和扩大种族多样性掩盖了非常真实的社会问题（Boyer，1992；Miles，2000）。正如在炮台公园城南街海港的商店吸引着特定阶层的客户，这些商店是由纽约州创建的一家公益公司所拥有并运营的，在这里，地理因素被持续利用，用于创造和维持中上阶层的生活。在一项旨在确保私人投资和开发效益流转的协议中，豁免炮台公园市管理局（BPCA）在其发展规划中包括任何可负担住房（Gordon，1997）。相反，允许炮台公园市管理局使用财政收入来资助哈莱姆和布朗克斯低收入住房的重建和/或建设，这些地区距离遥远，主要是少数族裔和低收入人群“最需要的社区”（Gordon，1997）。[9]结果，到2000年，炮台公园城74.4%的居民是白人，而整个城市的白人比例为45%（U. S. Bureau of the Census，2000a）；家庭收入中位数为13.695万美元，而纽约市的家庭收入中位数为4.1887万美元；67%的家庭年收入超过10万美元，而整个城市的这一比例为15.3%（U. S. Bureau of the Census，2000b）。

中上阶层之外的社会成员也继续以其他非常具体的方式感受到雅各布斯对重建的影响。对雅各布斯来说，商业群体对社区进行再投资是去贫民窟化过程的一个基本要素，也是实现多元化目标的关键驱动因素。尽管在她那个时代，再投资可能采取小企业主的形式，比如在《美国大城市的死与生》中多次提及的理发师、五金店老板、鞋匠等，但是到20世纪最后10年，它更有可能以连锁零售店和餐厅的形式出现。事实上，对于许多长期被投资资本抛弃的经济边缘化社区的居民来说，星巴克（Starbuck）咖啡或唐恩都乐（Dunkin' Donuts）特许经营店的到来意味着对更广阔的世界的重新发现。但是，虽然咖啡馆不可阻挡地持续扩张，其常见的符号、常见的标志、易于识别的配色方案和商标设计似乎无处不在，无疑表明了资本的注入，也有力地提醒人们，进入主流消费领域及其相关的零售设施已成为美国生活质量观念的核心（Sutton，2008）。与此同时，连锁店无处不在的扩张和精密的千篇一律有可能使城市街景变得单调，使得曾经具有种族和文化标志性的林荫大道，如哈莱姆区的第125街，变得几乎与任何其他城市大部分地区的大多数街道一样无法区分。

据推测，考虑到将多样性当成城市成功的基本特征，雅各布斯会厌恶这种建成环境以及种族、文化和烹饪景观的逐渐同质化，即使她会为新的投资资金流的到来鼓掌。事实上，雅各布斯承认未受约束的社区重振可能会产生潜在的“多样性的自我毁灭”（Jacobs，1992，p331）。在晚年，她甚至似乎意识到了她所倡导的过程与其产生的社区类型之间的直接关系，承认士绅化“可能会变得‘恶性和过度’，当改善后的社区供不应求时”（Rochon，2007，p42）。她最终承认，与增加理想社区的可用性同样重要的是有意识的和坚定的创造阶层和种族多样性。然而，在事后看来，这种认识似乎还不完整，表明了雅各布斯缺乏“最广泛意义上的资本意识”（Zukin，2010，p18），并且只有在她的理想释放后才了解其潜在的破坏性。区域规划协会的罗伯特·雅罗讲述了他参加一个论坛的故事，在那里他会见了雅各布斯，并询问她关于格林威治村的改造情况，这是她去世前最后一次访问纽约。雅罗回忆道，“我说，社区受到了保护，但其特色没有受到保护，它士绅化了，我问她，‘你是怎么处理应对的？’她说，‘好吧，我认为它不会持续下去’”（Yaro，2008）。

当然，从某种意义上说，问题不在于雅各布斯是否可以解读为促进了士绅化。也许更相关和更令人关注的担忧是，她的观点已被其他人以建设更美好城市的名义动用起来，驱逐穷人并使其边缘化。公平地说，雅各布斯不能对她的原则和理想付诸行动的方式承担全部责任。有些方式她显然不会认同。同样，雅各布斯从未声称自己是全知的或全能的，许多其他人也分享了她对重建城市的看法。尽管如此，她的声音仍然是最能引起共鸣的，事后回想起来，她对现代主义规划的批判似乎比对城市空间本质的诊断要准确得多。她明显忽略或可能只是未能预见的一件事是投机性房地产市场的动态自然倾向于财富积累。无论如何，最终她的思想与当代士绅化形式有很高的契合度，在炮台公园城等地以及创意阶层和新城市主义的原则中推动了士绅化的发展。

摩西和中产阶层城市

摩西对士绅化历史演变中所作的贡献虽然可能被更清晰地概述出来，但却没有加以广泛考虑。在许多方面，摩西可以被视为资本化的载体，因为它在整个20世纪中叶不停地重塑纽约市的景观，在一个过程中推陈出新。这个过程被经济学家和政治学家约瑟夫·熊彼特所认知，并由其他人进一步完善，这一过程是资本主义对创造性破坏的强烈欲望的体现。地理学家大卫·哈维（David Harvey）在其文章《时空之间：关于地理学想象的反思》（“Between Space and Time: Reflections on the Geographical Imagination”）中，反思了城市规划师奥斯曼男爵如何通过强制手段“将全新空间概念融入城市结构”，把19世纪中叶的巴黎转变为一个更清洁、更安全、更易于控制的城市（Harvey，1990b，p426）。

就像一个世纪后的摩西一样，奥斯曼通过疯狂的建设重新设计这座城市，将狭窄的街道变成宽阔的林荫大道，改造现有的公园，并建造新的纪念性公共建筑，一心一意地追求他的计划，摧毁了这座城市的大部分中世纪特色并根除了工人阶层。对哈维而言，此类项目可以视为资本主义扩张不可避免的标志，或者更准确地说是时空剧变，它“不仅破坏了围绕先前时空系统建立的生活方式和社会实践，而且将各种有形资产的‘创造性破坏’嵌入景观中”（Harvey，1990b，p425）。事实上，在资本主义积累的不可阻挡的推进中，“必须摧毁整个景观，以便为新的创造让路”（Harvey，1990b，p426）。最近，由于开发商和金融机构的努力，城市更新和再生的工作发挥了重要作用，用哈维的话说，“重新激活”了他们认为正在衰落但仍然具有战略意义的城市中心（Harvey，1990b，p421）。

可以肯定的是，摩西的遗产是建立在其承载者以惊人的规模创造性破坏的能力之上的，这促使一些人将他比作他在巴黎的前任（见Jackson，2007；King，

2007；Harvey，1990a）。显然，摩西从他钦佩的奥斯曼身上看到了许多东西，他写道，“奥斯曼的伟大优点在于能够并且愿意抓住问题的整体”（Moses，1942，p58），在奥斯曼身上他找到了自己实现城市现代化以及为其计划提供资金的灵感。作为现代主义项目的一个卓有成效的实践者，摩西将过去视为障碍，认为过时的建筑和不足的基础设施占比过多，将城市不断困住，阻碍发展。和奥斯曼一样，摩西拥有政治技巧和坚定的决心，可以让这座城市适应他对未来的独特愿景。随着联邦政府资助的“第I条”计划和其他城市更新计划成为战后时期吸收剩余资本的主要策略，摩西实际上为纽约市沿着阶层界限进行大规模重塑铺平了道路。[10]

“第I条”中企业的核心是一种名为“减记”（write-down）的土地补贴。通过“减记”，联邦政府将承担开发商在组合和清理土地以进行私人重建所产生的损失的三分之二，城市承担了另外三分之一，前提是它们将通过更高的税收收回这些钱（Ballon，2007，p97）。然后，通过这些“减记”，国家以“公平市场价值”汇集土地，并以补贴价格提供给开发商，从而使“资本贬值”成为可能，为刺激私人市场“重建、修复和土地用途转换”创造了“广泛条件”，标志着城市更新工作的努力（Smith，1996，p70）。

虽然摩西试图通过某些方式将“第I条”的资金与公共住房建设联系起来[11]，但该计划的目的显然是促进枯萎地区的私人重建，而非是为流离失所者提供住房的手段。当时的房地产经济，由于高昂的建设成本、偿还债务支出和税收，导致了“第I条”所产生的市场价格住房“远远超出中产阶层的能力范围”，更不用说收入更低的阶层了（Ballon，2007，p97）。结果，那些列入“第I条”清理计划中的社区的现有居民很少能负担得起在原来家所在地建造的新公寓，因此被迫搬家；实际上，摩西的“第I条”甚至早在“士绅化”一词创造出来之前很久就造成了整个社区的士绅化（Ballon，2007，p102）。

同样，联邦城市更新立法开端的《1949年住房法》（Housing Act of 1949）没有强制要求对前贫民窟住宅的土地进行使用限制，因此没有要求用新住房替换现有住房。摩西将利用这一良机调动联邦资金，不仅清理贫民窟，还清理该市专门用于制造业的部分地区，为公众机构腾出空间，他认为这些机构对纽约市作为卓越的全球首都的未来至关重要，即使这意味着下层社会住房和工作岗位的净损失（Ballon，2007，p108）。从1945年到1955年，仅在东河沿岸，摩西的“第I条”

一系列项目就为联合国大厦、斯图文森镇、彼得库珀村、纽约大学贝尔维尤分校（NYU-Bellevue）、科利尔斯胡克（Corlears Hook）公共住房和布鲁克林市民中心（Brooklyn Civic Center）扫清了道路，成本是牺牲了至少1.8万个蓝领工作岗位。虽然在当时该市350万个工作岗位中所占的比例相对较小，但这些失去的工作岗位“对工厂经济造成了沉重打击”（Schwartz，1993，p239）。

该项目也没有为修复建筑物和社区提供资金，而是倾向于采用“推倒重建”的方法（Ballon，2007，p102）。直到1954年“第I条”的修正案审批通过后，才允许城市孵化制定替代方案，从城市重建（urban redevelopment）转向以修复（rehabilitation）为主的城市更新（urban renewal）（Ballon，2007，p109）。尽管这次对贫民窟的新的大规模清拆也因其潜在的灾难性而招致雅各布斯的嘲笑，但它确实标志着大规模清拆时代的结束，并推动了新方法的形成，尽管至少同样具有破坏性，但与雅各布斯推崇的渐进式变化和“自我修复”更加接近（Ballon，2007，p112）。

此外，摩西从根本上改变了城市主义的本质，就像奥斯曼一个世纪前所做的那样，通过占据城市房地产市场的主体地位作为“扩大有利可图的资本主义活动领域”的手段（Harvey，2008b，p28）。通过利用新的金融机构和税收安排来推动城市扩张，摩西帮助开创了债务融资机制，尽管有效缓解了战后的资本吸收危机，但是这种机制最终不可避免地在“1973年全球房地产市场泡沫破裂”和1975年纽约的财政破产中造成困扰（Harvey，2008b，p28），这意味着资本主义城市主义的系统性崩溃，并产生了全球影响。正如哈维所说，到2008年年底，随着美国次级抵押贷款和住房资产价值危机的爆发，全球经济迅速崩溃，这“与20世纪70年代的相似之处是不可思议的”（Harvey，2008b，p31）。

如同一般的规划一样，简·雅各布斯和罗伯特·摩西的典型特征围绕着“由谁受益，而由谁付出代价?”的问题展开。在过去50年的大部分时间里，这种分歧被视为纽约城市精神的两个极端：大还是小、有为还是无为、摩西还是雅各布斯。但是这些二分法并不像我们认为的那么完整，纽约正在呼唤一个新的摩西引导纽约走向未来，这让这对宿敌焕然一新，使人们对几十年来将雅各布斯和摩西视为意识形态对立面的许多坚定假设产生了质疑。随着简单的描述开始消失，我们有可能看到那些简单化的二元论掩盖了某些更深层次的意识形态共识，并且发现过于关注他们的差异是一种狭隘的立场，这种立场只有在资本积累的原始逻辑和一般共识的讨论中才有意义。在战后经济重组后新兴城市主义塑造城市的背景下，它们尽管不同——而且必须重申，这些差异在许多方面既极端又重要——但简·雅各布斯和罗伯特·摩西在一个类似的建设和重建逻辑下找到了基础性的共识，即为更强大的人建设城市。

第8章

思想传播

当然，纽约市并不是唯一一个在城市转型问题上求助于简·雅各布斯和罗伯特·摩西以寻求创意和灵感的大都市。事实上，战后几年，许多使纽约成为城市政策熔炉的社会、政治和经济力量都在美国和加拿大的城市中发挥作用。因此，这两位人物的遗产不仅在纽约得到巩固，在有关纽约重建的辩论中引起强烈共鸣，实际上，他们关于如何最好地建设成功城市的想法已经广泛传播，无论是抽象的还是具象的，都在特定时间影响了许多城市的建成环境以及城市政策的构建。

促进他们的想法在偏远地区广泛采用是一个政策制定和分享的过程，即所谓的装配式"政策转移"，或者说是一个地方的成功战略在另一个地方的大规模实施（Dolowitz，Marsh，1996）。最近，这种知识从生产者、创新者到消费者、效仿者的高效单向的转移概念被认为过于简单化理解，一种新的表述已经出现，称为"政策流动性"（Peck and Theodore，2010；McCann，2011）。在城市意义上，政策流动性可以定义为"社会生产和传播知识的形式，解决如何设计和治理城市的问题，这种政策流动在特定的环境下形成、连接并产生流动，从而塑造了空间尺度、城市网络、政策社区和制度框架"（McCann，2011）。在这个后来的表述中，从业者在全球范围内寻找解决自己城市问题的答案，寻找"可采用的最佳行动、可效仿的'前沿'城市以及值得学习的'热门'专家"（McCann，2011，p114）。

在这种观点下，政策制定者采用政策的方式并不是在竞争激烈的思想市场中将偏爱的模型从A点简单地转移到B点。相反，模型的共享可以被视为高度意识形态化和选择性话语的传播，这些话语嵌入了明确的"规则、技术和行为"（Peck，Theodore，2010，p170）。这些政策通常表述为最佳实践，这些最佳实践来自"政策贩子和专家”的“正确”——从意识形态上说——选择，它们运行在“肯定和延展”既有“主导范式”和权力关系的政策模型中。这些流动性政策在“认知专家和实践社区的成员”之间传播，但由于制度、经济和政治背景的地方差异，它们“很少作为完整的一揽子计划传播”（Peck，Theodore，2010，pp170–171）。相反，它们以“理想化的抽象”的形式出现，其表征能力受制于翻译、解释和整合。实际上，此类政策充当了“强有力的政治叙事工具”，使现有的发展模式合法化并稳定下来（McCann，2011，p108）。

城市主义的新自由主义形式在当代传播，其中“为某些阶层派系创造宜居和有吸引力的环境作为更广泛的经济发展战略的核心部分”（McCann，2004，p1910），已被证明特别符合政策流动性的理念。城市地理学家杰米·佩克（Jamie Peck）和尼克·西奥多（Nik Theodore）所描述的“创意城市政策的病毒式传播”提供了一个特别具有说明性的例子。作为21世纪早期的一项受欢迎的政策解决方案，流动性理念基于

> 一系列支持性环境和赋能型网络，包括一些程式化但有根本影响的城市创新增长的内在动因，比如得克萨斯州的奥斯汀和旧金山等城市的经验；理查德·佛罗里达的大师级作品；咨询顾问和其他政策中间人推出的创意城市政策制定技术简明手册；此外，世界各地城市的积极竞争和财政吸引也不容忽视。（Peck，Theodore，2010，p171）

事实上，这个概念源自简·雅各布斯首先阐述的观点，当然这并不重要。尽管如此，早在雅各布斯的多样性和活力概念在佛罗里达的“创意城市”概念中找到新的归宿之前，城市领导者和规划者就在向她和她的宿敌摩西寻求采用、效仿和适应城市的最佳实践。[1]因此，雅各布斯和摩西继续脱颖而出，成为特别能引起共鸣的专家，城市转型的领导者选择向他们学习。

摩西在波特兰：“一剂强心针”

对摩西来说，除了纽约以外，没有一个城市比俄勒冈州的波特兰能留下更多

他的实践印记。在那里，人们制定了一种熟悉的计划模式来应对过去的后果，包括20世纪中叶对摩西式大建造现代主义的放纵。1943 年，随着第二次世界大战即将结束，战争带来的工业扩张放缓，波特兰市长厄尔·莱利（Earl Riley）要求他的首席规划师、大都会规划委员会（Metropolitan Planning Commission）主席威廉·鲍斯（William Bowes）任命波特兰地区战后发展委员会（Portland Area Postwar Development Committee），以评估该地区的长期前景。该委员会由来自波特兰市政府、银行、公用事业、大型零售商、制造商、工会以及房地产和建筑业的47名成员组成，其既定使命是“研究战后就业和健康城市发展规划问题并提出行动建议”（Bowes，引自Abbott，1983，p137）。

战前，波特兰是一座大城市，但增长活力一般。1940年，该市的人口为30.5万人，与10年前大致相同。然而，到1943年，居住在城市范围内的人数增加到38万人，在同一个三年时间里，随着工人涌入该地区为其战时工业提供劳动力，大波特兰都会区的居民人数从35.5万人激增至47万人。尤其是造船业，是一个主要的吸引因素。总而言之，波特兰地区的造船厂获得了24亿美元的战时合同，使“波特兰走向繁荣”，并雇用了该地区14万名与战争有关的工人中的大部分，生产了1000多艘货船、运输船、油轮和自由号（Abbort，1983，p126）。起初，工人来自附近，主要是俄勒冈州和华盛顿州的乡村。但随着时间的推移，最初的涓涓细流变成了稳定的溪流源源不断，当地工业从西北部、平原州和中西部招募劳动力，最终远至芝加哥和纽约（Abbort，1983）。

正是这种涌入以及对所有那些最终决定留下的新来者的担忧，导致了1943年2月战后发展委员会的成立。委员会最关心的问题是认识到战争的结束将可能导致大规模裁员，从而导致多达7万失业工人的劳动力过剩，并引发战后经济衰退，这可能导致“与大萧条最严重的年份等同的社会压力和公共负担”（Abbott，1983，p136）。尽管这些潜在问题很严重而且影响范围很广，但该组织在最初的7个月里都深陷官僚主义的泥潭中，直到 8 月，委员会成员埃德加·凯泽（Edgar Kaiser）亲自处理了这件事情，仅用他三个地区的造船厂就为大约10万名工人提供了工作机会，并邀请罗伯特·摩西给波特兰“打一针强心剂”（Abbott，2010c）。鲍斯后来回忆起请来摩西的决定时说，“这些人认识华盛顿的大人物，他们知道哪里有钱”（Abbott，2010c）。[2]

摩西当时在纽约处于权力的顶峰，他得到了10万美元用来准备“一份总体报告和建议”（Moses，1943，p7），他和一个“顾问”团队（包括公路、桥梁和基础设施工程师）于9月抵达波特兰。虽然只在波特兰待了一个星期，但他们制定的名为《波特兰提升》（*Portland Improvement*）的计划仅在两个月后就发布了，并且将有助于制定波特兰接下来25年的规划议程。

城市历史学家卡尔·艾伯特（Carl Abbott）在他的网站城市西部（Urban West）中将《波特兰提升》计划描述为有典型摩西风格的“一项基础设施计划”，一项大规模的公共工程努力，旨在让波特兰“在战后世界中具有经济竞争力”（Abbott，2010c）。正如摩西在该文件的主报告中所写，该计划的建议旨在“加快必要和理想的公共工程，以提供就业、促进商业并帮助弥合战争结束与私营企业完全恢复之间的缺口”（Moses，1943，p7）。即使在当时，欧洲和太平洋地区之间的战争仍将持续近两年，摩西预见到了一个战后的世界。在这个世界中，日益全球化的经济会将工业力量的平衡从美国转移到新兴工业化国家。他还指出，幸存下来的美国工业需要“无情地彻底改革和削减”以与“工资和生活水平都低得多”的国家竞争（Moses，1943，p9）。然而，同样重要的是，他认识到新基础设施项目的巨大潜力，它们不仅可以吸收必定会因不可避免的遣散而漂泊的工人大军，而且还可以积极重塑城市，以发挥其在摩西预想中新兴经济城市化中的作用。他警告说，他提出的计划并不构成工作救济，也不会回归大萧条期间“各种字母机构”执行的“无效的、繁多的以及苍白的项目”，他坚持认为，这是一种有限的临时政府干预，将为私人领域复兴创造条件（Moses，1943，p19）。他在主报告中提出，“我们提出的计划并不仅仅代表对公共建设的热情。它不能替代私营企业”（Moses，1943，p16）。尽管如此，它还是要求进行一项耗资6000万美元的建设计划，最多可雇佣2万名工人，为期两年。

该建设计划的核心是“道路，无论是高速公路、公园大道还是桥梁”（Bianco，2001，p102），这与摩西关于在未来城市中心以汽车为导向的“伟大城市”（Great City）的概念相一致，并且该计划致力于通过建设一系列限行高速公路和加宽并改善桥梁对交通流量合理化，解决交通拥堵问题。该计划的标价包括2000万美元用于环绕中央商务区的新市区高速公路环路，超过500万美元用于改善城市街道，800万美元用于城外高速公路。它还提议投资2000万美元用于卫生设施、公共建筑、港口和学校建设以及下水道升级，其中包括1000万美元用于污水处理系统，以减少威拉米特河（Willamette River）的污染。摩西对公园的标志性承诺也很明显，尽管大部分没有实现，但《波特兰提升》计划借鉴了以前规划工作的成果，例如，在耗资620万美元的《波特兰提升》计划中提到，为了扩大城市公园，在城市衰败的滨水工业区修建新的绿地，这是在1932年由圣路易斯的一位规划顾问哈兰德·巴塞洛缪（Harland Bartholomew）起草的一项计划中首次提出的；在波特兰城市西部边境陡峭山坡上修建一座“森林公园”（Forest Park），这最初是在1903年由弗雷德里克·劳·奥姆斯特德的侄子兼养子约翰·查尔斯·奥姆斯特德（John Charles Olmsted）提出的。

事实上，在1903年至1938年间，为数不多的外部顾问被带到波特兰，制定美化和改善城市建成环境的计划。但最终，这些建议中的每一条都被认为过于昂贵或激进，并且都被该市保守派的公民领导层搁置了。奥姆斯特德在1903年的计划中提出了“将不同用途的开放空间组成网络，并通过公园道路和林荫大道系统相互连接”的理念（City of Portland Bureau of Planning，2008，p62）。这种理念延续了他享有盛誉的叔叔的传统，并在1912年，在丹尼尔·伯纳姆的门生爱德华·贝内特（Edward Bennett）提出的计划中得到遵循。该计划是基于该市有朝一日将增长到200万居民的预测。随着对“城市美化运动”的关注，人们呼吁建设新的城市中心、公园、铁路和水站。接下来，在1921年出现了《切尼计划》（Cheney Plan），这是第一次世界大战住房问题专家查尔斯·切尼（Charles Cheney）为解决实施《贝内特计划》（Bennett Plan）中成本较高的方面而构思的一种更有限和务实的做法。反过来，它遵循了《巴塞洛缪报告》（Bartholomew Report）及其滨水振兴计划。

随后在1938年，“一个致力于传播有关西北社会、经济和政府问题的信息的私人倡导团体”——西北地区委员会（Northwest Regional Council）邀请城市思想家和社会评论家刘易斯·芒福德到波特兰，“观察和批判性地评估该地区的增长和发展”（Mumford，引自Bianco，2001，p96）。一年后，芒福德撰写了《太平洋西北地区区域规划报告》（*Regional Planning in the Pacific Northwest*），其中概述了当时他的规划理念。它包含的具体建议或具体计划很少，但它确实呼吁了建立哥伦比亚河规划局（Columbia River Planning Authority），以超越将波特兰与华盛顿州附近社区分开的“人为划分”，并在区域范围内协调规划。拟议的规划局的职责将包括监督规划中的绿带城镇的增长（Bianco，2001，p98）。然而，最终这些提议被证明过于模糊，芒福德的方法缺乏足够明确、切实的好处赢得该市谨慎的领导人的青睐。

波特兰人虽委托摩西制订计划，“但很少根据他们带来的顾问建议采取行动”（Bianco，2001，p99），在清楚地意识到这一点后，摩西采用了一种值得信赖的策略说服城市领导人接受《波特兰提升》计划：创造一个主叙事并暗示，如果他的提议无法实现，将对这座城市的未来前景构成潜在威胁。他认为，波特兰并不是唯一面临战后就业问题的城市。但是，他强调，如果不能在“还有时间”（Moses，1943，p8）的情况下实施他的团队提出的大规模建设计划，波特兰将“不得不面对来自华盛顿特区联邦政府的‘长臂’介入”，这将会损害私营企业的利益。他利用人们对大萧条时期庞大的联邦就业计划的记忆犹新，以及对国家支持的社会主义日益增长的恐惧，对政府控制个人主动性和努力工作的成果提出警告。“别弄错了”，摩西写道：

> 另一种选择是，为那些根本无法工作的人提供直接的工作救济和家庭救济，数量之大，关注度之高，甚至在大萧条时期也从未尝试过，同时提供大幅扩张的社会保障，特别是为退伍军人提供失业保险和巨额奖金。几乎没有必要说，每个理智的人都希望避免重演1933年秋季土木工程局（Civil Works Administration）提出的，并以一种或另一种表现形式持续的救济制度……在7年的大部分时间里。（Moses，1943，p19）

摩西暗示，像波特兰这样一个“进步”的社区“应该允许各种商业、工业、住宅和娱乐用途的不受管制的混合”是“令人惊讶的”，并警告，所有其他提议的改进使用方案将在波特兰现有的土地利用制度下失败。摩西还呼吁“更健全和更严格的区划规定”，部分是作为保护财产价值和确保市政税收的手段（Moses，1943，p12）。

1944年5月，波特兰人将这些警告牢记在心，并以压倒性的优势批准了1900万美元的债券，以增加《波特兰提升》计划中提出的许多项目的收入。最终，他们几乎接受了摩西的所有建议，尽管几十年来，它们中的大部分没有得到解决或完全解决。内部环城公路已经开始建造，但直到20世纪70年代I-5和I-405高速公路环路建成后才完成。同样，横跨威拉米特河的全长902英尺、重6000吨的弗里蒙特大桥（Fremont Bridge）于1973年完工。20世纪70年代，随着汤姆麦考尔滨水公园（Tom McCall Waterfront Park）的开放，波特兰工业滨水区的一部分实现了向绿地的转变，紧随其后的还有下水道改善、桥梁改善、新学校、公共汽车和火车站，以及容纳摩特诺玛县司法中心（Multnomah County Justice Center）、波特兰大厦（Portland Building）和市政厅（City Hall）的市民中心。一个更紧随潮流完成的项目是森林公园（Forest Park），它于1948年投入使用。

然而，重要的是记住，摩西关心的不仅仅是单个项目，甚至不是任何独立项目的组合。相反，他更关心它们的累积效应，他的目标是通过改造建成环境塑造未来的进程。摩西并没有将现代主义规划强加于波特兰。该市已经成立了一个住房管理局，于1941年开始规划公共住房，并在20世纪40年代初积极参与城市更新。此外，汽车对于这座城市的新兴形态已经如此重要，以至于到20世纪30年代中期，规划师们将他们的工作定义为"交通工程"（Abbott，1983，p122）。摩西所做的，是用他的现代主义话语鼓励波特兰人，相信他们"已经准备好以清晰的视野和迎接挑战的决心面对未来"（Moses，1943，p7）。当然，这种新的城市愿景将产生深远的经济和社会影响，远远超出对波特兰甚至是纽约市以及摩西建造或推广的高速公路和城市基础设施本身的影响。正如地理学家大卫·哈维（David Harvey）所指出的，通过专注于重新开发该地区而不仅仅是城市，摩西永远改变了城市化的规模：

> 通过债务融资的高速公路系统以及不仅对城市而且对整个大都市区的全面再造（使用战争期间首创的新建筑技术），他定义了一种吸收资本和剩余劳动力的盈利方法。随着资本主义发展逐步向美国南部和西部实现地理扩张，这种郊区化过程在全国范围内展开，在稳定美国经济以及建立战后以美国为中心的全球资本主义中都发挥了关键作用。（Harvey，2010，p169）

哈维问道，如果1945年之后没有大都市区的转型——从纽约市到芝加哥、洛杉矶和其他"同类"城市，"资本盈余会流向哪里?"（Harvey，2010，p169）。

通过《波特兰提升》计划，摩西帮助波特兰走上了同样的道路。到21世纪之交，它已成为繁荣的、经济多元化地区的活力中心。[3] 然而，在此过程中，就像旧纽约市一去不复返一样，旧波特兰不得不消失。《波特兰提升》计划中的许多项目都导致了城市的贫困区和移民社区的清拆。例如，内部高速环路的I–205公路部分转向市中心南部，取代了南波特兰社区的犹太和意大利居民区，这些社区与已经通过城市更新清理过的地区相邻。此外，在威拉米特河的东侧，I–5公路的一部分穿过一个非裔美国人社区，该社区被指定为贫民窟清理区，为建设纪念体育馆（Memorial Coliseum）和伊曼纽尔医院（Emanuel Hospital）让路（Abbott，2010b）。

最终，波特兰的20世纪中叶的公民领袖们和他们在纽约的同事们一样，完全遵从摩西的未来路线图。他们热情地接受了他的许多项目，因为他们认为这些项目对波特兰市中心的振兴以及更大的大都会地区发展至关重要。的确，正如艾伯特所写的那样，摩西给了波特兰战时的公民领导力，这正是它想要的（Abbott，2010c）。为了呼应巴隆和杰克逊对摩西纽约市复兴的观点，尽管不是一种“重拾”的声明，艾伯特指出，大多数当代波特兰人将很难想象他们的城市功能没有道路、桥梁、公园和基础设施改进将会如何运作，这些建设都是摩西提出的对战后成功至关重要的部分（Abbott，2010a）。波特兰规划领域的其他人大都同意这种温和的观点，很少表达出像在纽约市就摩西的持久遗产所产生的那种直接且尖锐的争论。

城市历史学家切特·奥洛夫（Chet Orloff）曾是波特兰规划委员会的成员，他说:“要称赞罗伯特·摩西，他确实使波特兰人进行了思考，并最终采取了大胆行动，尽管我们最终修建了一些极具破坏性的道路。”奥洛夫接着说:

> 他还使参与了第二次世界大战的非常保守的波特兰人开始思考需要更多的公共基础设施（公园、学校、桥梁、道路）。而在当时，普遍的态度是希望所有人在20世纪40年代初搬到这里的人回到阿肯色州（Arkansas）（或其他任何他们来的地方）。他建议波特兰的领导人切实地计划如何让这些人留下来。（Orloff，2010）

然而，随着时间的推移，波特兰人——与全国各地的城市学家和城市居民步调一致——将放弃现代主义模式，转而采用更有机的、“新传统”的城市建设模式。这种模式最初由芒福德支持，根据艾伯特的说法，由此产生的规划“精神”，代表了对大规模摩西式公路和基础设施项目的拒绝（Abbott，2010a）。并且，从

20世纪60年代开始，波特兰实际上将成为新兴的新城市主义和公民行动主义的实验室，这在很多方面都反映了雅各布斯和她在《美国大城市的死与生》中提出的成功城市的准则。

“我们（指的是最精通规划或政治上左翼的波特兰人）为拆除20世纪40年代的一条高速公路［海港大道（Harbor Drive）］并在20世纪70 年代初期结束新的高速公路建设而感到非常自豪，其中包括20世纪70年代穿过波特兰东南部附近社区的胡德山高速公路（Mount Hood Freeway），以及最近在西部郊区拟建的西城支路（Westside Bypass）”，艾伯特（2010a）解释说。

但是，尽管这种关于城市的新思维方式取得了胜利，也就是艾伯特所说的“雅各布斯式”，尽管波特兰人，根据艾伯特的说法，如同失忆般拒绝接受摩西的影响，摩西仍然继续在波特兰的规划政策中产生共鸣（Abbott，2010a）。正如奥洛夫所说，也许摩西最大的“贡献”是“作为陪衬”，他的计划和建议激发了辩论，并帮助产生了更多今天占据主导地位的基于社区的方法（Orloff，2010）。事实上，雅各布斯与摩西的辩证法的各个方面继续影响着波特兰的城市规划，尽管在那里，这些辩证法被一个进化的、以社区为导向的、具有前瞻性思维的城市主义品牌的巨大成功强行阻挠、彻底颠覆并深埋地下。这种城市化品牌以轻轨系统、自行车道、增长边界和进步政治为特色。在今天的波特兰，根据2010年的宣传手册，创意阶层的成员以其艺术和创业精神，正“移居至此，并亲手打造美国梦”（Portland State University College of Urban and Public Affairs，2010）。无论是直接借鉴雅各布斯的观点，还是根据当代条件解释和适应她的观点，波特兰已经成为宜居城市地区的形象代表，即一个“适合步行的、可持续的、绿色的、凉爽的、微创业型的城市”（Abbott，2010a）。而这座城市本身的观点被印在保险杠贴纸上，上面写着“让波特兰保持特立独行”。

艾伯特解释说，“更一般地说，我们波特兰人认为最擅长的是积累一系列小规模的成功案例，以构建宜居的日常环境。当然，我们是否辜负了我们的声誉，这是一个完全不同的问题，但这就是我们展示自己的方式”（Abbott，2010a）。

可以肯定的是，尽管有着精心制作的形象，波特兰人发现自己面临着与许多其他城市地区相同的21世纪顽固问题。例如，俄勒冈州在 1973年采用全州城市增长法规，在指定的城市增长边界内对土地进行了溢价。由此产生的发展压力，加上创意阶层的涌入，以及就业和工资压力的增加，对土地价值、租金和房地产价格施加了巨大的上行压力（Nelson 等，2002）。结果，较贫穷的居民被迫移居外围，离开波特兰本土并进入较旧的郊区（Abbott，2010b）。例如，2007年，位于波特兰的研究、倡导和教育组织“宜居未来联盟”（Coalition for a Livable Future）在对公平条件进行的一项研究发现，在接受调查的225个大都市社区中，只有8个社区的房价“对收入不超过该地区收入中位数的家庭来说是‘负担得起’的”（Coalition for a Livable Future，2007，p97）。研究还发现，不断上涨的住房成本影响的不仅仅是购房者。调整通货膨胀后，该地区的租金中位数在1990年至2000年间上涨了16.5%。到2000年，40%的地区家庭将至少30%的收入用于住房（Coalition for a Livable Future，2007，p97）。与此同时，儿童贫困的发生率已经超出了波特兰的城市范围，现在集中在波特兰东南部（Southeast Portland）和东摩特诺玛县（East Multnomah County）（Coalition for a Livable Future，2007，p97）。艾伯特认为，追求时髦是有代价的，士绅化“当然是一个值得关注的问题”（Abbott，2010b）。

波特兰人还发现了小规模方法在处理区域影响问题上的局限性。2010年，一场围绕大波特兰地区的持续的发展辩论涉及了一项耗资36亿美元的I–5哥伦比亚河跨河桥（I–5 Columbia River Crossing）项目。该项目将用一条12车道的道路和轻轨横跨取代连接波特兰市和附近华盛顿州温哥华市的两座老旧的摩西设想的桥梁。经过10多年的讨论、政治角力和近乎不间断的改进，该项目仍被成本、设计、规模、环境影响以及最终由谁负责项目等问题所困扰。艾伯特问道，“它应该是两个州交通部门所青睐的摩西式规模，还是更小一点?”他提到了一个多机构、跨州并且明显不像摩西式的决策过程，被一些人贬低为委员会管理。但是，尽管一些波特兰人渴望一个像摩西式的人物，一个能够打破层层的官僚主义和混杂的利益冲突，建造大桥并处理该地区其他紧迫问题的人，[4]摩西本人仍然“在波特兰规划师中被冷落。我认为没有人会尝试或敢于援用罗伯特·摩西的观点来支持这个大项目”（Abbott，2010a）。

然而，在其他地方，规划和城市设计中的有影响力的声音，恰恰渴望在停滞或受阻的项目以及重建计划方面，借鉴摩西的遗产。2007年春天，随着摩西的展览以及巴隆和杰克逊的书重新引起人们对这位“权力掮客”的遗产的关注，在《旧金山编年史》（*San Francisco Chronicle*）中城市设计评论家约翰·金鼓励读者试图“理解对长期被人厌恶的20世纪中叶纽约规划沙皇的重新尊重”，看看湾区

（Bay Area）自己的海湾大桥（Bay Bridge）就知道了。奥克兰（Oakland）和耶尔巴布埃纳（Yerba Buena）之间的一段桥梁在1989年的洛马普列塔地震（Loma Prieta earthquake）中严重受损，多年来一直在计划更换。但是，约翰·金提醒他的读者，“湾区政客和活动家要求一个全面的公共程序”。金继续说，加上国家官僚机构的干预，差不多20年后，该项目的标价已增至50亿美元。最好的情况是这座大桥能在2013年启用，比原计划晚了8年多。金总结说，“从这个角度来看，似乎每个人都有否决权，并且没有一个负责人。摩西不再被视为罗伯特·卡罗在其1975年经典作品《权力掮客：罗伯特·摩西和纽约的衰败》（*The Power Broker: Robert Moses and the Fall of New York*）中描绘的那样，是一个邻里社区破坏者”（King，2007，E6）。

同样，文化评论家菲利普·肯尼科特在对摩西展览的评论中提到了关于华盛顿特区地铁系统扩建的长期争论。肯尼科特将摩西描述为典型的“搞定人”，再次推举他成为一个精选的权力掮客俱乐部的成员，“这个俱乐部里的小成员包括唐纳德·拉姆斯菲尔德（Donald Rumsfeld）、米特·罗姆尼（Mitt Romney）和艾略特·斯皮策（Eliot Spitzer）等不同的政治人物”。肯尼科特继续说，当今城市“需要快速建设大量的新型基础设施，……而且很有可能，像纽约这样的城市将需要一个新的罗伯特·摩西”（Kennicott，2007，NO1）。

摩西似乎是因为规划而被永远放逐，但他21世纪东山再起，再度变得流行。

慈母雅各布斯与多伦多的自由城市主义

如果说20世纪40年代中期的波特兰代表着罗伯特·摩西在纽约之外的实践，那么20世纪末的多伦多则是简·雅各布斯做法的典型代表。雅各布斯和家人1968年从纽约市搬到这里，在摩西式规模的提案和项目的大环境下继续她的抗争。

与纽约和波特兰一样，战后多伦多大都会的城市领导者们也都注重于经济扩张，至少在他们看来，“增长是毋庸置疑的目标”（Klemek，2008a，p319）。1943年，该市通过了第一个总体规划，在其中，领导人认识到未来的扩张需要在现有建成城市范围之外进行。1953年，为了克服周围那些考虑自身利益的郊区的反对，一个大都会政府——多伦多大都会市政府（Municipality of Metropolitan

Toronto），也就是后来众所周知的“大多伦多市”（Metro Toronto）成立了。大都会内每个城市的政府保留了对警察和消防部门、图书馆以及公共卫生等服务的控制权，而大多伦多市政府负责区域规划、公共交通、住房、大都会公园和主要基础设施项目。在整个20世纪50年代和60年代，大多伦多市的规划者专注于城市交通系统的现代化、高速公路的扩建、公园的建设和可用住房存量的增加，以及公园景观塔等公共项目的建造。与波特兰一样，多伦多在二战爆发时是一个相对较小的城市，但到20世纪60年代末，大都市区开始经历自己的现代主义变革，由他们自己的罗伯特·摩西——大多伦多市议会（Metro Toronto Council）的第一任主席弗雷德里克·加德纳（Frederick Gardiner）推动。

几乎是一抵达多伦多，雅各布斯就带着历史学家克里斯托弗·克莱梅克所说的“成熟的反高速公路论点”加入了反对以高速公路为导向的“城市更新指令”的战斗。其中最著名的是反对斯帕迪纳高速公路（Spadina Expressway）的建设。这是一条拟建的六车道高速公路，计划横穿她居住的艾尼克斯（Annex）社区（Klemek，2008a，p320）。在雅各布斯的帮助下，斯帕迪纳计划在1971年被否决，很快她就在新社区中成了名人：1972年，《多伦多市民报》（*Toronto Citizen*）发布了一张她在卡尔玛市场（Karma Co-op）购买青椒的照片。1988年，《多伦多星报》（*Toronto Star*）刊登了一张她与荷兰女王贝娅特丽克丝（Queen Beatrix）和多伦多市长阿特·艾格顿（Art Eggleton）一起进行海港之旅的照片。用在线杂志《多伦多人》（*Torontoist*）的话来说，在30年的时间里，她将成为“类似于多伦多市母亲的角色”，她的准则在多伦多建成环境中不可磨灭，她的想法渗透到这座城市的自我呈现中（Dotan，2009）。2008年，为了纪念她的出生，5月4日被正式定为“简·雅各布斯日”。

尽管如此，雅各布斯并没有彻底改变多伦多的规划，而是给许多当地已经相信并为之奋斗的东西赋予了声音和知识地位。1972年，她帮助组织了反对斯帕迪纳高速公路的草根运动，推动自由改革运动获得政治权力。但到20世纪70年代初，她已经从撰写关于中央规划和城市形式的失败的文章转向探索城市在更大的经济中日益增长的作用。[5]

即便如此，雅各布斯将成为大多伦多市进入后加德纳（post-Gardiner）时代的建成环境更新路径的主要影响力，尽管她从未担任过公职或担任任何官方规划职位。她最初的，或许也是最持久的贡献是在1972年至1978年大卫·克隆比

（David Crombie）担任市长期间作出的。1972年，作为响应早先的计划，即推平多伦多市中心的一部分，以便为办公项目、购物中心和高层、高密度的公寓大楼让路，克隆比政府制定了一个《中心区规划》（Central Area Plan）。该规划反映了雅各布斯在《美国大城市的死与生》中提出的许多反现代主义方案，提倡公共交通而不是新建高速公路，鼓励社区参与地方决策，并以暂停大型项目的开发为特色，包括新建筑的高度限制为40英尺。

改革运动对建成环境影响的另一个标志性时刻是圣劳伦斯（St. Lawrence）的重建计划。圣劳伦斯曾是一个工业区，毗邻多伦多市中心。最初的计划是进行大规模更新，但在20世纪70年代中期，克隆比政府设计了一个替代性的重建计划。该计划也直接借鉴了雅各布斯十年前确定的城市宜居性原则，即小街区、活跃的公共空间、混合使用和多样性。它呼吁通过以19世纪多伦多的美学为模型，创建一个新的、多用途的住宅区，重新连接该地区与城市的其他地方。多伦多建筑师、多伦多城市设计部（Toronto's Urban Design Department）前主任（1977至1987年）肯·格林伯格（Ken Greenberg）说："这确实创造了城市结构的新内涵"（Greenberg，2010）。它还促进了混合收入社区的创建，用当地的说法是"社会混合公共住房"，而不是将穷人孤立在大型低收入住房项目中（August，2008）。

即使在改革期结束后，雅各布斯仍将继续对多伦多的城市景观施加强大的影响。在20世纪90年代后期，再次在一个主要城市项目中发挥了主导作用，帮助国王西区（King West）和东区的重建创造条件。这两个市中心区共同形成了一片400英亩荒置的工业用地，随着当地工业屈服于全球化的力量，这些工业用地在很大程度上被废弃了。当时，城市区划法规要求保持该地区的工业化，但雅各布斯和其他人，包括格林伯格，主张完全取消土地使用限制。格林伯格说："我们直接借鉴了《美国大城市的死与生》，我们说，'让我们摆脱土地使用区划'，这是纯粹的雅各布斯式做法，保持多样性的可能"（Greenberg，2010）。随着区划限制的取消，市场力量得以自由引导由此产生的重建，到21世纪之交，国王西区和东区已成为"拥有非常理想的城市生活方式的社区"，包括改建的阁楼式公寓、高档购物中心和娱乐中心（City of Toronto，2002）。

随着时间的推移，雅各布斯提出的解决方案，即将多伦多过去工业的这种残余转变为社会混合、多用途社区，已经在该市更大的重建议程中根深蒂固，包括其对多伦多庞大的公共住房系统进行彻底改革的方法。在她对城市更新的批评之后，高层住宅成为城市规划者的梦魇。作为回应，多伦多的规划者开始探索将大规模的单一用途住房项目穿插融入城市复杂性结构的方法，这一策略被称为“多伦多方法”，并最终在其他地方产生了受新城市主义者（New Urbanist）启发的更新建设。2010年夏天，在圣劳伦斯和国王西区及东区得到体现的雅各布斯原则，同样应用于多伦多的摄政王公园（Regent Park）。这是一个占地69英亩的前公共住宅综合体，正在拆除并作为多用途、混合收入的住宅区重建，主要由私人公寓和出租房组成。本质上很简单，这个为期15年的六阶段计划要求：在该项目中铺设新道路，作为将其与周围城市街道网格重新连接的一种方式；并用额外的住房、设施和商业空间填补各个建筑物之间的空当。

最终，雅各布斯建设成功城市的基本原则在多伦多的总体规划议程中正式确立。2002年，多伦多市议会制定了一份“官方计划”，概述了该市未来30年的反蔓延、以交通为导向和以人为本的发展方式。在该计划通过时，86岁的雅各布斯坐在轮椅上，为该计划“给出她的祝福”（Hess，2010）。一年后，多伦多市议会通过了一项为期10年的“创意城市文化发展规划（Culture Plan for the Creative City）”，其中概述了“将多伦多定位为国际文化之都”的63条建议，并将“文化置于城市经济和社会议程的核心”（City of Toronto，2003）。该规划直接借鉴理查德·佛罗里达的创意城市概念，并延伸到他采用的雅各布斯原则。该规划侧重于整合公共和私人资源，以增强文化活力和多样性，保护多伦多的建筑遗产，并吸引“正确类型”（right type）的居民：“知识经济中年轻、出色、受过教育、高附加值的工人”（Boudreau，Keil，Young，2009，p183）。综上所述，这两个规划代表了一种受雅各布斯启发的城市主义，将高度重视的多样性视为城市的定义特征，并重视混合用途的城市空间、公民参与、活跃的公园和公共空间，以及文化上充满活力的社区。这两个规划的结合将多伦多作为世界级城市进行营销（Garber，Imbroscio，1996；Boudreau，Keil，Young，2009）。

因此，当代多伦多正在遵循区域规划协会在《风险地区》报告中规定的重建路径，并特别受到纽约市的追捧。毫不奇怪，由此产生的将生活质量作为竞争力资产的关注，已经在两个城市之间产生了许多显著的发展相似之处。就像在纽约一样，多伦多特别强调通过在前工业港口土地上建造的各种公私项目重新连接城市与海滨。计划包含了14个新的公共空间，包括一个名为“糖果海滩”（Sugar Beach）的海滩，该海滩因其靠近仍在运作的雷德帕斯炼糖厂（Redpath Sugar refinery）而得名。除此之外，该计划还要求在一个复兴的港口沿线建造一系列混合用途的住宅项目。2010年夏天，在滨水开发的初始阶段，规划了大约1.3万套住宅单元，其中包括多伦多的东海湾（East Bayfront）和西顿土地（West Don Lands）地区。预计在接下来的10年中，这些地区还会有2.7万套住宅单元以及另一个名为北基廷（North Keating）的开发项目的规划。

同样，设计在多伦多的重建议程中发挥了重要作用。为了追求自己的“标志性”发展，一个滨水公园计划聘请了一位艺术家，而另一个名为帕克赛德（Parkside）的混合住宅、商业和办公的综合体由著名建筑师摩西·萨夫迪（Moshe Safdie）设计。在2010 年初的某个时候，一些支持者建议可以参考纽约的高线公园，将多伦多加德纳高速公路（Gardiner Expressway）的一部分改造成耗资7亿美元的高架“绿丝带”（Green Ribbon）。该特定计划要求在现有道路上架设一个钢和混凝土平台，并用植物和小路覆盖它。

多伦多还试图利用其作为2015年泛美运动会（2015 Pan American Games）主办地的地位吸引私人投资并推动更广泛的重建目标，其中许多目标都以海滨为中心，包括建设新的体育场馆、竞技场、住房和基础设施。当多伦多获得运动会举办权时，现有的25年发展规划被压缩为5年。

在这个广泛而激进的改造规划中，雅各布斯经常在混合用途社区、“人而不是汽车”和社区规模等方面被引用。滨水区规划要求将现有的3公里长的皇后码头（Queens Quay）从四车道改为两车道，并将其变成《环球邮报》（*Globe and Mail*）所说的“标志性的”“绿树成荫的”林荫大道，成为“世界上最好的步行街之一”（Grant，2010）。这是一条繁忙的东西向干道，被视为“多伦多滨水区振兴计划的支柱”（Winsa，2010）。其他有利于行人的举措包括扩大该市自行车道的数量。

但在多伦多，就像在纽约市和波特兰一样，雅各布斯的理念被开发商和房地产利益集团所利用，作为推高房地产价值的一种手段。她的理念同样用作营销工具，以在竞争激烈的全球市场中将多伦多作为区域经济体进行推销。虽然这番言论是创造一种整体的发展方法，注重建设宜居的、以人为本的、混合用途的社区，并与充满活力的公园和公交通道充分融合，但正如《国家邮报》（*National Post*）所报道的那样，实际更新建设的大部分内容都是指向“时尚、健康和绿色的豪华公寓生活”（Wintrob，2010）。那年夏天，规划要求东海湾、西顿土地和北基廷的新住房至少有20%是可负担住房，另外20%保持出租。尽管如此，这些开发项目的初始阶段几乎只出售豪华住宅单元。在西顿土地，一个名为“河畔城”（River City）的开发项目是五到七年计划的第一阶段。该项目将建造900套阁楼式公寓、顶层公寓和联排别墅，由两座高层建筑组成，共计348套住房，售价为23.99万美元至75万美元，预计2012年年底可以入住。与此同时，一个名为奥克维尔（Oakville）的开发项目被描述为“典型的精品公寓”，其套房的价格从120万美元到超过250万美元不等。一位开发商解释说，“滨水土地是一种有价值的商品，而在大多伦多地区（Greater Toronto Area）等城市地区，它非常稀缺，这使它成为一项可靠的投资，人们以拥有它而自豪”（Wintrob，2010）。

为此，在多伦多，就像在纽约市和波特兰一样，雅各布斯关于如何建设更好城市的理念被用于推动房地产重建议程。同时，大多伦多市议会（Metro Council）通过其土地使用政策和社会融合承诺来积极推动这一议程。

包括多伦多大学地理学家保罗·赫斯（Paul Hess）在内的批评家们指出，这些重建项目的特点是私有化公共资源，包括住房和土地。它们顶着社会混合和更大的收入多样性的名义，但整体减少了可负担住房的数量（Hess，2010）。例如，在摄政王公园，2000多套公共住房将被拆除，但只有1357套或者说大约原来的65%会得到置换。这些公共援助单元的平衡将通过一种称为“异地置换住房”（off-site replacement housing）的做法转移到市中心东部的其他地方。与此同时，在现场建造的总共5100套新的以及置换的单元中，只有27%将得到补贴。其余的将以市场价格出售，这促使批评者对士绅化提出了担忧（August，2008）。

其中最早的声音是詹姆斯·莱蒙（James Lemon），他是另一位多伦多大学地理学家，现已退休。他在《自由的梦想与自然的局限》（*Liberal Dreams and Nature's Limits*）中指出，多伦多改革运动和随后的政治时期的自由城市主义不可避免地导致流离失所，如果没有其他原因，它就是以牺牲“公共机构”为代价给予私有财产特权（Lemon，1996）。莱蒙指出某些人比其他人有更多的选择，他认为：

> 雅各布斯的立场存在严重缺陷，因为她选择了错误的目标……责怪规划者。而雅各布斯今天仍在多伦多延续对规划师的攻击，这样并没有抓住要害。规划者的背后是开发商、银行家、商会和政客，他们不惜一切代价地避免城市陷入衰败的泥潭。（Lemon，1996，p21）

格林伯格是与雅各布斯合作参与圣劳伦斯重建项目的建筑师，也是摄政王公园的主要参与者。他拒绝接受雅各布斯可能背负士绅化责任的建议，即使她的想法被用于继续把贫困人口赶出中心城市。他毫不隐讳地抨击了新城市主义："其他人认为她的许多衍生品都是肤浅的，仅仅专注于舒适的表象，而这些表象与她的想法并不相符。在第二次世界大战后，我们面对的情况是，城市出现了令人难以置信的人口外流，空置后的城市成了穷人们生活的地方；到两代半人之后的今天，城市再次成为人们向往的地方，我们面对的情况必然发生改变。而为此责怪简·雅各布斯有点荒谬"（Greenberg，2010）。

尽管如此，格林伯格承认，即使重建像圣劳伦斯和摄政王公园这样的街区的一个目的是"收入的全面分级"，支持和维持社会阶层的混合已经成为一场斗争。他谴责多伦多的"新自由化"取消了旨在防止流离失所的政策。例如，与纽约市一样，多伦多已采用包容性住房作为其重建议程的可负担住房要素，尽管在相关政策中并未明确提及。多伦多采取的方法甚至和纽约市一样，将20%的可负担住房比例作为目标置入市场。多伦多最初是在2004年采用这种特殊方法的，当时市议会批准了一个五年目标，即到2009年，每年建造1000套可负担住房。到2009年年底，大约有2600名居民搬进了新的可负担住房，大部分居住在摄政王公园等混合收入社区中。2010年，市议会通过了一项新的十年计划，预计将为另外25.7万户家庭提供可负担住房，包括在泛美运动会结束后将西顿土地的运动员村改造成一个社会混合社区。但在多伦多，就像在纽约一样，"可负担"的定义是在全市平均水平，这里的"全市"指向未来城市所规划的人口构成。就像在纽约一样，比率为什么按这些特定标准制定，以及反对者想改变它们的提议，都需要围绕着城市的经济需求来讨论。

在这种背景下，关于这座新多伦多是为谁建造的问题开始出现分歧：是这座城市的现有居民，无论他们的社会地位如何？还是像佛罗里达和其他持类似观点的人认为的那样，是其未来的面向全球的创意阶层？例如，关于与泛美运动会相关的滨水基础设施支出的持续讨论集中在：是为运动员和观众建设在场馆之间穿梭的轻轨系统，还是为最终涌入的长期居民建造新的水处理厂，哪个更有意义。也有人质疑，究竟谁将为这个价值10亿美元的运动员村买单，以及到2015年是否仍有对滨水住房的必要需求。增加争议的是一个耗资3400万美元的加拿大港口土地体育中心（Canadian Port Lands Sports Centre）综合体，包括四个国家冰球联盟（National Hockey League）特定大小的冰垫、室内跑道、社区会议室和必要的停车位。很多人谴责它是社区活力和多样性的单一用途的破坏者，这也是雅各布斯与之斗争的关键点。该综合体被纳入滨水重建计划，这促使格林伯格辞去他的设计顾问的职位，并于2010年5月组织了12人的滨水区设计审查小组（Waterfront Design Review Panel）进行公开抗争。

最重要的是，围绕多伦多滨水区的持续动荡凸显了雅各布斯和摩西的城市理念间持续存在的裂痕，并暗示了弥合这种持久僵局的困难。2007年，《多伦多星报》城市事务专栏作家克里斯托弗·休谟（Christopher Hume）在回顾由三部分组成的摩西展览时问道，鉴于多伦多的"领导层软弱和官僚机构支离破碎"，现在是否并不是进行"大综合体"（Great Synthesis）的时候？在这样的综合体中，"新的城市文化特色捍卫者将不得不在雅各布斯和摩西之间选择一条路线"。休谟重视以人为尺度思考、保护遗产和加强社区结构的潜力，同时仍然强调要有远大的思考并为未来做规划（Hume，2007）。近3年后，在2010年5月关于滨水开发争论的高峰期，休谟认为他已经找到了答案——"如果10年的滨水振兴计划有任何启示，那就是这座城市已经失去了从大处着眼和采取相应行动的能力"（Hume，2010）。

第9章

作为公共关怀的设计

在2010年的纽约市，一些多伦多人渴望的“大综合体”规划已经进行了近10年。布隆伯格政府负责经济发展的副市长丹·多克托罗夫为一系列雄心勃勃的项目提供了愿景，这些项目旨在以摩西式的规模重塑纽约市，并与权力掮客进行了正面和负面的比较（Wells，2007；Brash，2006）。这样的愿景为布隆伯格重建议程注入足够的人性关怀，使其适合一个仍然迷恋简·雅各布斯的城市，这一任务落到了阿曼达·波顿身上，阿曼达·波顿是一位由社交名媛和公民活动家转行的规划师，在2002年市长选举后被任命为城市规划部和纽约市规划委员会主席。

波顿出生于战后纽约市的一个显赫家庭，开始从事规划的时间相对较晚。[1] 在纽约扬克斯的莎拉劳伦斯学院（Sarah Lawrence College in Yonkers）获得环境科学学位后，她在34岁时加入了“街头生活项目”（Street Life Project）。该项目是城市社会学家威廉·怀特基于观察做的研究，详细分析人们如何使用公共空间。之后她在纽约州城市发展公司（New York State Urban Development Corporation）工作，1983年至1990年在哥伦比亚大学攻读城市规划研究生学位，期间负责炮台公园城的规划和设计。在布隆伯格第一任期初期成为纽约市的首席规划师之前，她作为城市规划委员会的委任成员工作了10多年。

然而，从一开始，波顿在布隆伯格政府任职期间就与多克托罗夫有着充满争议的关系。最初，这种摩擦源于波顿在2001年市长竞选期间对布隆伯格的竞争对手马克·格林（Mark Green）的支持。在布隆伯格获胜后，多克托罗夫积极支持亚历山大·加文领导城市规划部门。加文当时是曼哈顿下城开发公司（Lower Manhattan Development Corporation）的首席规划师，是纽约1969年总体规划的建筑师之一，也是纽约2012年奥运会申办筹备工作的合作伙伴。和多克托罗夫一样，加文也是通过大规模再开发改造纽约市的积极倡导者，他协助构思了政府的哈得孙广场计划。他还直言不讳地推崇罗伯特·摩西的行动力，认为“没有人在改善城市方面比他做得更多，甚至19世纪巴黎的奥斯曼男爵也不如他”（Jackson，2007）。

多克托罗夫最终默许波顿接管了该市的规划大权，但随着多克托罗夫试图控制重大发展决策，两人之间的分歧逐渐扩大。[2]“她在本届政府中处境艰难”，城市艺术协会的前任主席、波顿的老朋友肯特·巴威克说道，“通常情况下，城市规划主任相当于市长的政务秘书，而在布隆伯格政府中，多克托罗夫兼任了这个职能”（Barwick，2008b）。

多克托罗夫代表了政府技术官僚对摩西般的规模改造城市的愿望，而波顿则带来了她对审美的要求。她带来了一种明显的高雅感，关注什么构成了良好的设计，并融入了对雅各布斯式街头活力概念的欣赏，致力于增强纽约市街道和开放空间的活力。尽管如此，波顿的设计理念、她在提升城市作为全球顶级城市地位中的作用，以及她的规划经验，都符合布隆伯格议程的发展方向。她在城市规划部网站上的传记将她描述为落实市长的经济发展计划的前驱，该计划包括全面的城市设计总体规划，旨在促进整个城市的商业和住宅开发并恢复其滨水区（New York City Department of City Planning，2012b）。2009年5月，波顿在美国建筑师学会建筑中心发表讲话时强调，好的设计可以通过增加“社区价值”帮助推动发展（Burden，2009）。她说，“伟大的建筑让城市保持年轻、活力和竞争力”，利用某些术语概念（社区活力、经济健康）和雅各布斯的思想之间的明确关联强化一个主题，已成为城市规划部对布隆伯格政府叙述的标志性阐述（Burden，2009）。2007年1月，在雅各布斯去世后不久，摩西修正主义运动发起之后，波顿在《纽约时报》上说，“你可以用街头生活的活力衡量城市的健康状况”（引自Caldwell，2007，p1）。

然而，也许同样重要的是，波顿对通过城市形态和公共空间塑造某种城市的兴趣反映了她与布隆伯格和多克托罗夫分享的更广泛的基于阶层的规划逻辑。[3]在她被任命为规划专员后不久写的简介中，也就是在“9·11事件”发生后仅仅8个月（纽约市重建政治的关键时刻），《纽约》杂志将波顿描述为典型的“布隆伯格时代的公务员”：人脉广泛、生活富裕，就像市长、多克托罗夫和政府中的其他人一样，他们不需要这份工作，但“想要作出改变”（Gardner，2002）。

事实上，在接过纽约市的规划缰绳之后，波顿成了政府的关键成员之一，成为一个新的激进的规划部门的代言人。因此，她是实施纽约城市发展议程的重要人物，同时也是一个自己圈子里的权力掮客。在布隆伯格的第一个任期内，波顿在市长最初反对的情况下，仍支持振兴破旧的“高线”（高架铁路线）。她认为将废弃铁路变成公园的计划不仅是为了创造一个“标志性”和“世界级”的公共空间，以符合纽约市作为全球城市的雄心壮志，同时也是为了提高房地产价值和促进曼哈顿远西区沿线的发展（Burden，2009）。到2008年3月，在“高线公园”计划开放前整整一年，附近已经有30个计划或在建项目（Burden，2008a），包括由国际知名设计师让·努维尔（Jean Nouvel）设计的位于第十一大道和第19街的豪华公寓楼，以及另一位著名建筑师尼尔·德纳里（Neil Denari）在第23街设计的毗邻公园的14层公寓大楼。[4]

2008年，《纽约观察者报》（*New York Observer*）将波顿排在纽约房地产百强人物名单中的第五位，仅次于布隆伯格和三位开发商和地产商——铁狮门董事长兼首席执行官杰瑞·斯派尔（Jerry Speyer）、瑞联集团董事长兼首席执行官斯蒂芬·罗斯（Stephen Ross），以及纽约市最大的商业地产商SL绿色地产（SL Green）的首席执行官马克·霍乐迪（Marc Holliday）。该报在解释该排名时指出，“该市任何重大的土地利用变化都必须经过波顿女士的办公桌——如果它最初不是起源于那里的话……迄今为止，她是布隆伯格政府仍未完成的发展遗产里闪亮的明星”（Medchill，2008）。2009年，由于2008年经济危机的爆发，纽约市的房地产市场出现衰退，该报将她的排名降到第八位，并解释说，“过去，波顿女士所指的地方都会出现新的公寓大楼。……当然，那些日子已经过去了，但作为这个城市大规模开发的区划和审批的‘皇后’，她仍然握着非常强大的权力，特别是在任何私人开发商想要再次进行建设的时候”（Acitelli，2009）。

波顿也成为政府的主要声音，因为它试图动员和综合雅各布斯和摩西这两种看似不同甚至不可调和的理念来支持其目标。除了参加哥谭中心论坛并随后在《哥谭公报》（Burden，2006）上发表她的演讲之外，波顿还定期阐明雅各布斯和摩西的某些基本原则与政府发展哲学之间的思想上的直接联系。例如，多样性的概念是通过重新区划的举措来实现的，其中包括雅各布斯式的承诺，即创造一种精心混合的工作、生活、购物、休闲和文化用途的城市综合体，使城市恢复生机，同时仍为摩西式规模开发的创造性破坏留出空间。“大城市需要大项目”，波顿认为，因为它们“是雅各布斯和摩西为之奋斗的多样性、竞争和增长的必要组成部分”（Burden，2006）。但是她坚持称城市规划者的目标，

> 不再是粗糙、随意、宏大的规划。尽管如此，毫无疑问，我们迫切需要建造数千套可负担住房，我们必须为快速增长的人口创造广泛的就业机会，我们需要开垦和振兴我们的滨水区，我们必须为支持我们乐于见到的即将到来的增长奠定基础。但是，在不支持雅各布斯的城市多样性、丰富细节或城市生活的原则并以滋养复杂性的方式进行建设的情况下，承受这些挑战是不可接受的、不明智的，甚至是不可能的。（Burden，2006）

一些观察家认为，当波顿谈到要“像摩西那样建设，融合雅各布斯的思想”时，她并不是虚伪或不真诚的。例如，为了给拟建在曼哈顿中城远西区的喷气机队体育场创造街道活力，波顿主张在四周建设公园，并提倡在街道层面进行零售和公共用途。同样，支持者表示，她通过坚持提供更多公共空间来改善大西洋广场最初计划的努力从根本上符合雅各布斯的原则，即使这些大型项目的规模和获得批准的方式“压倒了任何关于可能联系到雅各布斯思想的讨论”（Barwick，2008a）。

在怀特的影响下

然而，尽管波顿大肆宣扬雅各布斯对当代规划师和城市形态的影响，但这种影响在她个人的城市设计方法中仅仅发挥了辅助作用。相反，她的灵感源于与威廉·怀特的长期密切关系。威廉·怀特是一位训练有素的规划师，同时也是雅各布斯的导师。与雅各布斯一样，他也是城市空间活力和多样性的敏锐观察者和推动者。怀特对纽约市半个多世纪的城市设计发展产生了深远的影响。他曾在1956年担任《财富》杂志的高级编辑，当时正是雅各布斯撰写了她对城市更新的最早评论的时候。随后，如前所述，雅各布斯逐步在城市区划法规的演变中发挥了重要作用，并通过“街头生活项目”影响了许多知名人士和项目。怀特指导了弗雷

德・肯特（Fred Kent），他和波顿一样参与了“街头生活项目”，然后继续创立了公共空间项目（Project for Public Spaces）。这是一个城市非营利组织，融合了怀特开创的观察技术，因为它渴望通过“场所营造”帮助“公民将他们的公共空间转变为有活力的场所”（Project for Public Spaces，未注明出版年 a）。[5]此外，怀特还构思并撰写了1980年修复曼哈顿中城布莱恩特公园（Bryant Park）的重建计划以及时代广场的重新区划/重建计划——批评家经常引用这两个项目作为新自由主义下公私合作推动城市再开发造成同质化的伪公共空间的典型案例。

可以肯定的是，怀特启发了许多雅各布斯的基本思想，并且他关于振兴城市中心和创建动态公共空间的优化方案也展现了她的理念，即以行人交通为导向的小街区、街道活力、新旧建筑混合（Whyte，1989，334），以及城市再开发等于经济发展的底层信念。虽然在某些方面与纽约市的传统开发实践不符——例如，他拒绝“相信大型写字楼项目是新工作的主要来源”（Whyte，1989，p334）——但怀特接受了这样一种观念：一般而言，对商业有利的就是对城市有利的；因此，城市应该了解什么设施吸引成功的公司，无论是大公司还是小公司，并鼓励提供这些设施。

20世纪80年代末，在前几十年自由主义城市政策失败的背景下，在里根–布什（Reagan-Bush）①时代新自由主义兴起的掩护下，怀特为积极和蓄意促进士绅化提供了明确的辩护，提出城市吸引人们回到废弃的中心的唯一方法是促进不合标准住房的修复，作为联邦“第I条”重建项目中“黯淡的新乌托邦”的替代方案（Whyte，1989，p326）。根据雅各布斯对破败街区居民在努力改善物质生活条件方面令人信服的观察，怀特称赞了纽约市1969年规划，其中包括为一户和两户住宅提供贷款和抵押担保，为翻新工程提供贷款，以及对房屋修缮的临时税收减免。怀特写道，“如果褐砂石社区居民在面临重大困难时竭尽全力，当困难消除后他们会震惊，他们原来可以做到更多”，并引用《纽约市规划》（*Plan for New York City*）对公园坡社区的描述，该社区从20世纪70年代中期一个破败、犯罪和毒品泛滥的社区转变为一个向上发展的社区典范（尽管社区中几乎完全是白人）（Whyte，1989，p327）。

很难说怀特对士绅化的支持在多大程度上通过波顿影响了布隆伯格议程。然

① 美国两位总统名。

而，怀特对波顿的城市规划部门的影响明显体现在多种不同的方面。最重要的或许是，他坚信可以通过规划实现多样性和其他“城市结构的理想部分”（Catharine Ingraham，引自Whyte，1989，p330）。然而，就连怀特也警告说，从无到有的创造多样性会有隐患。并且与雅各布斯相呼应，他预料到了一些批评，这些批评将引发对布隆伯格政府的哈得孙广场和大西洋广场规划的辩论——怀特写道，“唉，他们仍然通过建造城中城提供一些零碎的服务和商品，比如一家美食店、一个差不多的酒馆等，但它们规模通常非常大，建在大片空地之上，例如废弃的货场，这是建筑师和开发商所青睐的，但这并不是最好的选择”（Whyte，1989，pp329-330）。

怀特在早期就支持将降低密度区划作为保留现有社区特色的一种手段（Gilbert，2001，p8）。同样，他在20世纪60年代和70年代奖励式区划失败的背景下提出一个理念，他认为良好的设计可以通过坚持基本准则来实现。这一理念在一系列日益收窄的规定中继续存在，这些规定已经在纽约市规划委员会对私有公共空间的设计指南中根深蒂固。其中包括一些明确的指令，基于他的街头生活项目对人行道和建筑宽度、建筑退线、底层零售要求以及有关种植行道树的规则的详细（非强迫性的）观察结果，这一切都是为了在现代城市中心重新创造“聚会和交谈的场所”和“方便的城市生活焦点”，让人想起古希腊的集市。澳大利亚悉尼科技大学（University of Technology in Sydney）土地经济学讲师海伦·吉尔伯特（Helen Gilbert）在总结街头生活项目的调查结果时指出：

> 据观察，“可坐”空间（人们可以坐的地方）的数量与公共空间的使用程度直接相关。空间的位置也很重要，它应该在市区的中心，最好在一个主要的角落，因为人们需要能够轻松地步行到那里。至少80%的用户可能来自三个街区的半径。另一个需要指出的要点是空间的形状并不重要（纽约最受欢迎的空间之一是建筑物中狭长的凹痕），并且空间的供应创造了需求。一个好的新空间会引导人们使用它，并在其中培养新的习惯，如在户外吃饭、散步等。有趣的是，据观察，人们喜欢将自己安置在定义明确的空间——靠近台阶或游泳池的边缘。人们很少选择大空间中间，这一发现也符合西特提出的原则，即不规则形状的公共广场效果最好。最后，空间和街道的位置关系很重要，如果空间在物理上靠近公共街道并且在视觉上可以到达公共街道，人们几乎会本能地进入

它。当街道作为广场或公共空间的一部分时，这两个空间的社会生活就会来回流动。（Gilbert，2001）

看来，波顿的大部分规划意识都来自这种以细节为导向的设计思维。一个例子是城市规划委员会于2007年9月19日通过的一系列公共广场“座位标准”，一个月后由市议会批准，作为更广泛的私有公共空间设计指南的一部分。根据这些标准，“每 30 平方英尺的公共广场区域应至少有一英尺长的座位”，这是怀特早期指导方针的延续，并且座位安排应该“为社交座位提供充足的机会，作为基本座位类型，包括靠得很近并成一定角度放置的座椅，或有利于社交互动的面对面配置的座椅”（New York City Department of City Planning，2007，p43）。此外，“以下座椅类型可以满足座椅要求：可移动座椅、固定的独立座椅、带靠背和不带靠背的固定长椅，以及具有设计特色的座椅，如座椅墙、花盆壁架或座椅台阶。所有公共广场都应提供至少两种不同类型的座位”（Department of City Planning，2007，p43）。树木是另一个规定的特征。根据设计指南，所有公共广场必须至少有四棵树（Department of City Planning，2007，p45）。

通过这种方式，怀特的“集市”概念和雅各布斯的“社区和街道生活”概念通过波顿的城市规划部过滤，成为含义模糊但经常强调的“设计问题”原则（Burden，2006）。这种对事物外观的关注很快成为波顿在城市规划部任职期间的一个标志，随着时间的推移，她利用自己日益增长的影响力定义和实施一个关于什么是“高质量”或“伟大”设计的独特愿景（Gardner，2002）。记者罗宾·波格宾写道，“作为城市规划部门的主任，她的声誉建立在对美学的关注上：建筑物的外观，它与街道的关系，它如何为使用公共空间的人们提供服务。与罗伯特·摩西相比，波顿可能被视为审美监督者”（Pogrebin，2004，E1）。与此同时，区域规划协会的罗伯特·雅罗称她为“纽约的设计良心”（Pogrebin，2004，E1）。

对事物外观的执着

然而，设计远不是一项中立的活动或仅仅是创造力或想象力的表达。它作为一种强大的工具，决定了产品的盈利能力和销售能力（Forty，1992）。在布隆伯格政府的案例中，要出售的产品是城市本身，并且在波顿的领导下，设计成为政府更大的重建叙事营销的关键要素。波顿认为“好的建筑意味着好的经济发展”，她敦促开发商在设计他们的项目时聘请“明星建筑师”（Burden，2007a），以传递城市全球文化和经济吸引力的标志性符号。例如，在监督曼哈顿下城新东河滨水区的总体规划过程中，她坚持让建筑师理查德·罗杰斯（Richard Rogers）参与其中（Burden，2007a），并且经常吹捧由弗兰克·盖里、让·努维尔（Jean Nouvel）、尼尔·德纳利（Neil Denari）以及阿尔夫·纳曼（Alf Naman）等知名人物设计的项目（Burden，2009）。

然而，在开发人员和设计社区中，波顿成为批评的焦点，不仅因为她对什么是“好”设计固执的观点，而且因为她通过专横的方式将这些观点强加于人。这种专横在城市规划部内蔓延，那里的工作人员称她为“主席”，从不指名道姓。在整个设计界，她被称为“城市的室内设计师”，或是不那么恭维地称她为“挑剔者”（Demanda），因为她坚持亲自审查公共项目的细节。开发商抱怨波顿对明星建筑师的偏爱不必要地增加了项目成本（Municipal Art Society，2007b），而建筑师和设计专业人士则谈到参与波顿搁置项目的会议和审批流程、“微观管理”细节（Caldwell，2007，p1），以及坚持重新布局长凳，使用特定类型的铺路石，或要求座椅高度、深度和宽度符合严格的测量值，导致了代价高昂的延误。部分人认为，城市区划标准中规定的公式扼杀了创新。在小组讨论“过度成功的城市：开发商的现实”（The Oversuccessful City: Developers' Realities）[①]中，纽约全光谱公司的开发商卡尔顿·布朗抱怨说，纽约市的区划规定变得如此严格，以至于“限制了创造力”（Brown，2007）。

波顿坚信自己的设计感是无与伦比的，这也导致她与多克托罗夫的关系紧张，尤其是在曼哈顿中城远西区拟议的喷气机体育场的设计上。2009年9月，她将让·努维尔在曼哈顿中城53号街现代艺术博物馆（MoMA）旁边设计的一座1250英尺高的摩天大楼从顶部砍掉了200英尺，理由是它的高度不符合城市的审美标准。[6]

波顿的支持者反驳说，对她的设计方法的这种批评，尤其是考虑到其在政府发展议程中的背景，是没有根据的。例如，肯特·巴威克争辩说，虽然多克托罗

① 小组讨论主题。

夫作出了重大规划决策，但波顿花了很多时间“试图从街道的角度改善这些项目的最糟糕的方面”，包括一个位于大西洋广场体育馆周边的公共空间规划，该体育馆最初由弗兰克·盖里为新泽西/布鲁克林篮网队设计（Barwick，2008b）。但其他人质疑城市规划专员的角色是否应该涉及这种对建筑物外观的亲自插手。一位与波顿有30年工作关系的建筑师将她描述为“一个有名无实的规划领导者”和“一个能够举行听证会和获得选票的不合格的社会任命者”，但她自己对规划的看法是“学术性的”，“她把问题扔给建筑师”，而她自己的设计理念“实际上与开放空间有关”。

不管怎样，在波顿的领导下，对建筑物外观的关注（在一部分人看来是专注）不仅成为城市规划部门的使命，也成为政府部门整体城市重建策略的一个组成部分。[7] 2006年波顿聘请纽约首位城市设计主任亚历山德罗斯·沃什伯恩（Alexandros Washburn）。根据美国建筑师协会为期一天的会议宣传材料，他的工作是监督“全市范围内的重建政策制定和大量新的城市设计项目的设计方案评审。这些项目目前正在计划中，为了在气候快速变化时期可容纳100万名纽约人”（American Institute of Architects，2008）。正如沃什伯恩告诉与会者的那样，他接到了波顿的电话，后者表示，布隆伯格担任市长，她本人担任城市规划部门主任，纽约市正在进入一个在城市历史和治理中独特的时刻，“是一个把设计带到台前的时刻”。他承认，设立城市设计主任这个职位是为了帮助政府利用好这一时刻，但在新市长上任后，这一时刻可能会消失，这个职位也可能消失。

按照布隆伯格政府的叙述，沃什伯恩为了完成他的使命，明确表示，用他自己的话来说，就是要做到“罗伯特·摩西的数量与简·雅各布斯的质量”。他承认，这份工作的一个重要组成部分是让项目“符合预期”，从而达到波顿的设计标准，并获得她的批准。他转述波顿的话说：“在方案做到很棒之前，千万别想着拿进来。”

作为与设计相关活动的频繁发言人，沃什伯恩经常谈到布隆伯格政府对“通过设计发扬公共关怀”的信念（Washburn，2008a）。他将这里所说的“公共关怀”定义为“培养对社区成功至关重要的习惯”，并将布隆伯格的规划议程描述为“范式转移，这是与自然的新契约”。为了表达这一点，他坚持说，我们必须将建筑的刚性转变成对自然的适应性。推倒石柱，取而代之的是不断生长的茎。绿色网络以过去建筑无法做到的方式象征着社区。由政府发起的重新区划，以新的公共空间或街景改善为核心，每一个都是在与它所服务的社区协商后制定的。（Washburn，2008a）

对于政府以及像波顿和沃什伯恩这样被选中决定城市未来面貌并向公众推销这一愿景的人来说，纽约市是一座“变革型城市，每个项目都有变革性的或积极或消极的影响”，这是沃什伯恩在美国建筑师协会的会议上发表的观点（Washburn，2008b）。沃什伯恩承认，预测这种影响并不总是可能的。尽管如此，“这种变革是累积的，是迭代的，是以自身为基础，推进对城市应该是什么样子的全面认识”，并“为世界有史以来最伟大的城市化浪潮设定模式”。沃什伯恩鼓吹说，纽约“正处于城市思维的顶峰”（Washburn，2008b）。

例如，在政府看来，提供“世界一流”公共设施设计将成为曼哈顿远西区重建的驱动力，提高特定街道和大道沿线的房地产价值，从而为吸引额外的私人投资提供“驱动器”，从而改变指定走廊沿线的整个社区（Burden，2009，2008a，2007a）。在接受城市土地研究所（Urban Land Institute）的视频采访中，波顿宣称：“设计良好、使用良好的公共开放空间”可以“成为城市经济和社会福祉的催化剂，并实际上改变对城市的整体看法”。她强调，这样的空间可以“改变人们对私人投资的看法”（Krueger，2011）。

例如，在地狱厨房地区，某些街道被征用，为拟建的“宏伟大道”让路，这让人联想到奥斯曼建造的巴黎大道（Burden，2008a）。从拟建的林荫大道向外延伸的其他街道被升级规划，以提高市价公寓密度，并增加了高度差异，以确保20%的单元仍然为“可负担的”。重新规划其他街道，以允许商业租户和办公楼进驻。

不过，波顿认为，关于“设计如何成为私人投资的惊人催化剂”，最好的例子或许是高线公园。虽然这座高架公园的第一部分耗资近1亿美元，但它在附近社区“为城市带来了34个价值20亿美元的项目”。自2009年向公众开放以来，它也吸引了690万游客。“想想这给旅游业和纽约市带来了什么”，波顿兴奋地说（Kruger，2011）。

因此，从本质上讲，波顿对卓越设计的坚持倡导产生了两个基本影响。一方面，它发挥了至关重要的作用，使这座城市能够将自己推销为一个宜居的全球城市载体，能够顺应创意经济和居住在这里的高品位工人的需求。另一方面，这是一种战略机制，有助于使经济发展作为布隆伯格政府重建议程的核心，得到广大纽约本地人的认可。2008年在巴西圣保罗举办的城市时代南美会议（Urban Age South America Conference）上，波顿对一位国际观众说："伟大的建筑对于我们城市的生机和活力非常重要，你有弗兰克·盖里，你有赫尔穆特·雅恩（Helmut Jahn），他们的建筑让城市变得年轻，让它们更有竞争力。"她接着说，"你有诺曼·福斯特（Norman Foster）和理查德·罗杰斯（Richard Rogers）"，这两位明星建筑师在"9·11事件"之后设计了曼哈顿下城的新建筑，"然后这就引发了新的办公楼开发"（Burden，2008b）。

然而，除了明显的助推作用之外，政府的设计方法被证明较为平庸，反映了在技术官僚、团体倾向的市长领导下的城市政策应用实践的普遍性。[8]亚历山德罗斯·沃什伯恩曾说，尽管被吹捧为城市设计的变革和前沿，但由此产生的公共空间规划往往是其他城市模型概念的修改版本，而区划法规被认为"防止不良开发商和设计破坏"它们的必要保障措施。[9]城市空间被认为似乎有一种单一的、普遍公认的街头美学，关于什么是好的设计，并只有通过制定旨在强制实施的设计标准来确保。批评者认为，这种对规范性指导方针和公式的盲目投入不可避免地导致了其自身形式的同质化，一个预先规划好公共空间的城市完全抹去了自身的创新或地方感，更多的广场、街景和老气的公园从设计菜单中剔除。这样的结果是通过设计或严格规定的公共空间控制公共领域，鼓励规范性活动——例如，在附近咖啡馆消费时坐着聊天——同时积极劝阻任何可能与这些目的背道而驰的行为。

这样一来，就如同布隆伯格的规划叙述，以及之前的摩西叙述，都基于这样一个观念，即规划是价值中立的，政府只为城市的最佳利益行事；将设计作为一种公共关怀的表达，有助于使政府更大的重建议程中固有的基于阶层的价值观自然化和正常化。政府坚称，其首要利益是确保纽约市有能力在一个稳定的未来预期中保持竞争力，需要通过不断挖掘公园、广场、街景和建筑物的变革潜力，为纽约作为全球资本主义城市的生产活动提供部分支撑。然而，政府的计划实际上启动了一系列基础设施改善、公共工程项目和重建计划，这些计划将资本积累的逻辑和假设更加紧密地嵌入城市景观中。当波顿和沃什伯恩谈到设计的公共关怀时，他们真正描述的是使城市更具市场价值的过程——借助重新规划以及对私营部门设计的相关批评和控制。因此，对政府而言，设计真正的公共关怀是它能够使房地产更有价值，并稳定特定的、以阶层为导向的生活质量观念。

第10章

雅各布斯的思想与摩西式的建造

正如市长所说，“如果想解决士绅化的问题，你应该让犯罪率上升，学校变得更糟，公园变得更脏”。“士绅化是市场力量的自然产物”。

——丹·多克托罗夫（Acitelli，2007）

只要纽约市经济蓬勃发展，受到房地产市场的繁荣和信贷便利的支持，布隆伯格阵营就会热情地推进建设全球资本和创意城市的计划，以适应金融部门及其金融辅助服务的扩张。但到2007年秋天，政府关于城市崛起的叙述在自身矛盾和迫在眉睫的全球金融危机的重压下开始瓦解。

同样的债务爆雷和投机性房地产泡沫在金融业中产生了巨额利润以及巨额薪水和奖金，反过来又推高了房地产价值，填补了纽约市和纽约州的税库，并推动了城市进一步的投机性开发。然而，泡沫的自生性质最终被证明是不可持续的，这些不可持续的泡沫引发了次贷危机，并促使全球三大投资银行倒闭。随着金融部门的解体和全球经济衰退的加深，信贷渠道枯竭，到2008年3月下旬，全市被取消或延误的重要开发项目估值已达200亿美元，其中不乏许多由世界知名建筑师设计，并由波顿和其他布隆伯格政府官员推动的项目。这些项目中受影响最大的是大西洋广场和威利茨角的重建计划，这些项目的基本融资机制已经消失。与此同时，用新的莫伊尼汉车站取代曼哈顿中城过时的宾夕法尼亚车站的计划破裂了，阻碍了雅各布·贾维茨会议中心和哈得孙广场的扩建（见第3章）。此外，根据社区服务组织“打造纽约之路”（Make the Road）（Lopez，2009）的说法，数十个较小规模的私人建筑项目陷入停顿——仅在布鲁克林布什维克社区就有48个，使纽约市成为一个“暂停的起重机”拼凑而成的城市。[1]

然而，即使危机正在展开，布隆伯格政府的成员及其在城市增长联盟中的盟友也试图加强市长改造城市的愿景。2008年9月18日，就在美国历史上最大的破产案——总部位于纽约的金融服务公司雷曼兄弟破产的几天后，纽约市经济发展公司（NYCEDC）总裁塞思·平斯基（Seth Pinsky）在美国建筑师协会和美国规划协会（American Planning Association）于曼哈顿建筑中心举行的联合会议上，发布了纽约市经济发展的最新情况。[2]平斯基开场时指出，“就在短短几年前，人们还在怀疑纽约是否还会新建任何东西”（Pinsky，2008）。[3]他以花费20亿美元专项资金用于扩建地铁7号线为例，宣扬了该项目在支撑远西区成为该市“最新”商业区方面所发挥的作用。他还吹捧计划中的东河科技园是该市努力成为生物技术研究中心的“旗舰”项目。但他很快话锋一转，强调了日益增长的经济不确定性，以回应布隆伯格政府关于未来风险的叙述。平斯基说，现在，不仅纽约市有失去“世界经济之都”地位的危险，迫在眉睫的预算赤字也危及市长的重建议程，全球金融网络仍存在使世界经济陷入持续混乱的危机（Pinsky，2008）。

与20世纪70年代不同的是，当城市削减服务以弥补伴随着特定市政危机而减少的税收收入时，平斯基坚持认为这次的重点应该是继续“建设城市，保持生活质量”（Pinsky，2008）。他坚称，在布隆伯格第二个任期的最后16个月（当时看来似乎也是最后一个任期），市长将专注于推进已经在进行中或在他的计划中设想的各种项目。平斯基用诸如“看好长期前景”“向前迈进”和“规划未来”等鼓舞人心的措辞来补充他的讲话，认为“发展的前沿”“几乎是无限的”，“每个项目都是优先事项”（Pinsky，2008）。然而，他警告说，在困难的经济环境中，该市将被迫向私营部门提出更少的要求，而需要通过额外的补贴、税收抵免和有利的区划变化来“吸引”私营部门，以提供“必要的改善”。无论如何，平斯基强调，作为罗伯特·摩西那种积极进取传统的伟大建设者，市长的工作“将随着未来持续取得的发展成果而变得清晰”（Pinsky，2008）。

然而，从不同的角度来看，全球金融危机及其对当地的影响提供了宝贵的教训，以了解房地产驱动再开发的潜在逻辑谬误和局限性以及布隆伯格政府所设想的资本累积在城市化进程中所扮演的角色的谬误和局限性。鉴于政府在其发展论述中援引雅各布斯和摩西大多基于两人对城市复兴方法的意识形态辩护（见第7章），这表明有机会质疑他们的遗产与这些过程的关系。

叙述崩溃

2007年11月，城市设计研究所举办了一个名为“纽约2030：纽约的绿色和公正未来”的公共论坛。在会上，城市官员、政策制定者和城市设计师讨论了布隆伯格政府的可持续发展计划，即“纽约2030规划”。[4]包括公园主任阿德里安·贝内普和首席城市设计师亚历山德罗斯·沃什伯恩（Alexandros Washburn）在内的政府代表的一系列演讲之后，一位观众站起来提问，设计是否是一种公共的关怀和多样性——她指出这是简·雅各布斯的标志——是一个目标，尽管在受到社区的强烈反对以及“短期行动与长期影响之间的内在矛盾”，纽约市是如何对哥伦比亚大学向西哈莱姆区扩张进行支持的？作为纽约市长期规划和可持续发展办公室主任、“纽约2030规划”主要作者之一的罗西特·阿格瓦拉回应道：“这座城市充满了矛盾，所以规划也是如此。”他认为任何规划都存在权衡取舍，他坚持认为哥伦比亚大学的扩张“对这座城市具有重要的经济意义”，并且它代表了“雅各布斯与摩西之间的必要权衡”。他继续说，雅各布斯“并不反对大规模开发，而是反对构思拙劣的开发。她并不是要破坏增长，而是要弄清楚如何正确地做到这一点”（Aggarwala，2007）。

正如我们所见，阿格瓦拉认为雅各布斯不一定是大规模重建的敌人，这可能会引起争论。因此，它体现出她的思想遗产在一定程度上，就像罗伯特·摩西的遗产一样，仍然存在争议，可供一系列解读、解释和改编。然而，与此同时，它再次提出了一个问题，即政府是如何以及为了什么目的调动这些思想遗产来阐明正在进行的纽约市建成环境的改造计划。例如，政府将设计作为一种公共关怀推广，这种想法可能会让雅各布斯在九泉之下也不得安宁。对雅各布斯来说，艺术是“随意的、象征性的和抽象的”。它选择性地、有限地表现了城市生活中无尽的复杂性（Jacobs，1992，p373）。雅各布斯强调说，“一座城市不可能是一件艺术品。把一个城市，甚至一个街区当作一个更大的建筑问题来处理，能够通过将其转化为有纪律的艺术作品给予秩序，这是犯了试图用艺术代替生活的错误”（Jacobs，1992，pp372-373）。对雅各布斯来说，以前的规划范例，从“城市美化运动”和“田园城市”到勒柯布西耶的“光辉城市”，都“主要是建筑设计崇拜”（Jacobs，1992，p375）。虽然她同意高强度多元化开发具有压倒性的影响，但更接近她解决方案的做法是，通过树木、人行道以及遮阳棚等的统一处理，强化街道的视觉秩序（p390）。

因此，政府将设计感视为一种能够促进城市活力的公共关怀，这只是雅各布斯思想的衍生之一。该思想被纳入布隆伯格政府的重建议程。在那里，这些衍生与摩西思想遗产的某些方面选择性的相结合，作为调和两个人物之间根本差异的一种手段，并为像摩西那样的建设但要融合雅各布斯思想的观点提供了理由。事实证明，这种综合不仅具有选择性，而且具有解释性。正如城市规划专员负责人阿曼达·波顿坚持认为，她对城市街道生活价值的理解从雅各布斯那里得到直接的灵感，但波顿对多样性、混合用途、邻里活力和公民参与规划过程的鼓吹代表了对雅各布斯理念的严重误用。事实上，在政府内部，人们可能会认为，这些理念通常是次要的、可选用的而并非是基础的，并且只有在它们与政府规划意图能够相结合或可以调整，以符合更广泛的意图时才使用。对政府而言，最重要的是打造一座以生活质量为卖点的正在崛起的全球性消费城市。当雅各布斯和摩西的思想能够屈从于这些目的时，它们就会屈服。

例如，如果雅各布斯在2009年一直在写有关低经济价值的土地利用的文章，就像她在1961年在写《美国大城市的死与生》中所做的那样，她很可能会选择描述纽约市西哈莱姆区曼哈顿维尔和皇后区威利茨角的62英亩的工业用地用途，包括一排又一排坐落在花旗球场（Citi Field）的本垒打范围内的小规模、易受洪水侵袭的汽车维修店，而花旗球场是耗资7亿美元的美国职业棒球大联盟纽约大都会队（New York Mets）的主场。[5]事实上，政府和纽约市增长联盟中的强大力量利用雅各布斯失败市区的论点将威利茨角和曼哈顿维尔划为衰败区并重新区划，以便为更重要的土地用途让路——拟议的威利茨角重建项目耗资30亿美元，包括办公楼、酒店及会议中心、公园、零售店和5500套公寓，以及耗资62亿美元的哥伦比亚大学西哈莱姆校区扩建项目。

当然，对这些地方还有另一种看法——那些称社区为家或拥有并在位于那里的企业工作的人的看法。在他们看来，这些地区提供了低成本住房和就业机会，而在威利茨角大约有1700个。从它们的持续存在来看，这些地区是必不可少的，它们为纽约市很大一部分人口提供服务。

人们只能假设，哥伦比亚大学和布隆伯格政府希望在这些“失败”地区“培育”的经济环境，并没有涉及那些当时已经在那里生活和工作的人。相反，他们计划中固有的复兴似乎注定要为一个全新的阶层腾出空间，这些阶层拥有技能和资源，并可能会赶走大量现有居民。人们可以作出这样的假设，因为在哥伦比亚大学的计划或政府的目标中，或者在威利茨角的管理目标中，或者引申到《美国大城市的死与生》中，没有任何条款可以保证任何其他结果。正如雅各布斯天真地将混合主要用途的地理邻近性与邻里居民的工作混为一谈（Jacobs，1992，pp174–175），布隆伯格政府在为扩张哥伦比亚大学以及重新区划、去工业化的威利茨角带来的好处进行合理化解释时，提出的一个关键观点是，重建将带来就业机会。可以肯定的是，新建、维护和运营新的研究实验室或酒店和会议中心会提供工作机会。作为政府改造该地区计划的一部分，威利茨角的工人通过一项耗资250万美元，名为“威利茨角工人援助计划”（Willets Point Worker Assistance）的项目获得，“学习使用计算机、在餐桌上服务、记账、修理汽车或简单地说英语”的免费培训（Santos，2009）。但是，2009年威利茨角的汽车工人会成为未来酒店和会议中心的侍者和服务人员吗？即使他们这样做了，而不考虑政府承诺通过包容性增加1000套左右的“可负担”住房，这些工作提供的最低工资是否能跟上不断增长的房地产价值和投机活动可能产生的租金上涨？就像雅各布斯所在的格林威治村社区中的工人阶层成员一样，曼哈顿维尔和威利茨角的许多现有居民可能会被迫寻找新的居住社区。他们中的一些人认为，工人援助计划的钱最好花在帮助他们搬迁已经工作的企业和已经拥有的工作上。哥伦比亚移民马科斯·内拉（Marcos Neira）在威利茨角大道上拥有两家餐厅，他在接受《纽约时报》采访时表示，“如果不能保证找到工作的话，我不认为培训那些找不到工作的人有什么意义”（引自Santos，2009）。

掩盖矛盾

从某种意义上说，布隆伯格政府通过对不符合其议程的雅各布斯和摩西的元素进行口头宣传，通过自己对近期城市历史的主流化，掩盖了其重建叙述中固有的矛盾。例如，对于波顿的城市规划部来说，通过强制重新划分“破败”街区来促进多样性和混合使用，而其他数十个稳固的中产阶层到中上层阶层的社区则可以奢侈地要求他们的街道两旁是单户住宅，并缩小区划单元以保留其所谓的“细粒度”（fine-grain）特征，形成与纽约大部分社区差异化的街区化（词见雅各布斯的著作）优越感。当然，从本质上讲，选择性地降低密度区划也可以解读为一种不那么隐蔽的委婉说法，用于捍卫房地产，进而保护阶层和价值。

尽管政府坚定不移地表示在制订计划时一直在与社区合作，但它实际进行的公众参与的性质与雅各布斯所设想的不太一样。正如围绕哥伦比亚大学扩建、大西洋广场重建和哈得孙广场铁路（Hudson Yards rail）削减重建等项目的社区经验所表明的那样，只有在符合政府预先制定的议程时，社区关注和发展优先事项才会被认真对待。

与此同时，政府首席城市设计师亚历山德罗斯·沃什伯恩指出了真正的参与性影响在哪里。当他在向美国建筑师协会发表的演讲中被问及开发商、设计师和相关利益团体如何在拟议的区划变更中提供意见时，沃什伯恩回答说，“大多数决定都是在内部会议上作出的，这些会议在你的日程表上，但你可能没有想到它们很重要。因此，‘如果您的观点不在房间内，就不会被听到’”（Washburn，2008）。当然，更重要的一点是公众没有受邀参加这些会议。相反，即使多克托罗夫、波顿和其他市政府官员公开坚称社区意见是规划过程中必要且有价值的一部分，但现实情况是，在布隆伯格框架内，计划和决定的制定都是在非公开会议上作出的，只有在细节到位后才会公开征求意见。对这些计划持批评态度的人被描绘成反对者、煽动者和进步或变革的任性异议者（Brash，2006）。在一个特别引起共鸣的例子中，在2006年哥谭中心论坛期间，波顿将反对在大西洋广场建造新竞技场视为“幼稚的”（Burden，2006）。结果，在雅各布斯的领导下，纽约人可能通过创建社区委员会、起草“197-a规划”和在公开听证会上的介入赢得了参与城市建设的权利，但这种权利被证明是空洞的。

在另一种意义上，政府在综合方面的努力使其能够从摩西和雅各布斯身上吸取一些经验教训，以推广自己的大型建设战略。正如多克托罗夫所说，政府从过去的奥运会经验、纽约喷气机队的拟议体育场以及哈得孙广场的重建中吸取了教训，一心一意地追求城市的愿景，从雅各布斯和摩西的理想中挑选出一些方面，汇集成一套最佳实践。通过这种方式，对摩西和雅各布斯的选择性重新包装，动员他们支持政府的重建议程，不仅重新审视固定历史的主观尝试，而是如我们所见，在城市本身的时空演化中长期存在的一种创造性破坏行为。总而言之，雅各布斯和摩西被当作意识形态的两极，构建了纽约市关于城市发展建设的讨论框架。

对布隆伯格政府的成员来说，像罗伯特·摩西和简·雅各布斯那样的建设思想转化成了一种基本信念，即促进私营市场和自由企业是解决贫困、无家可归、收入不平等和经济衰退等棘手的城市问题的最佳手段。通过吸收每个人物特定的标志性观点，政府构建了一种叙事。即城市主义的经济发展的重要内容，或者用阿曼达·波顿的话来说，就是“雅各布斯和摩西为之奋斗的多样性、竞争和增长”的重要载体（Burden，2006a）。

至少，从雅各布斯那里，政府描绘出社区参与规划过程的假象。这种假象促进了她的关于密度、混合土地利用和多样性的基本主张。在全市范围内，这种做法得到了使用摩西式区划机制的补充，尽管该工具是由雅各布斯对保护邻里特征的奉献所塑造的。摩西坚定地（某些程度上是讽刺性的）承诺使用公共资金，以补贴和对开发商的税收减免的形式，推进市长的市场友好议程。摩西是政府决心和效率的典范，市政府官员从他那里学到了关于边缘化反对派、主导话语和利用城市资源的宝贵经验。摩西的遗产也成为政府的中心思想，以强调扩大城市公园网络、加强交通引导发展以及重振著名文化和学术机构等战略。

阶层政治的融合

最后，在人们眼中，罗伯特·摩西究竟是通过为未来定位拯救纽约市，还是通过精心策划城市主义的崛起作为资本主义经济支柱而引发了纽约市的衰落？他强行灌输的现代主义究竟是将给予这座城市新生还是加速其死亡？这不仅取决于人们对规划和城市运作方式的看法，还取决于这些人在时间和空间上的处境。

然而，如果说摩西是他那个时代的男人，雅各布斯当然是她所在时代的女人，尽管她代表了一种激发社区多样性和活力的修复精神，但她对宜居城市的概念可以理解为另一种积累策略。这种策略表面上更友善、更温和，但仍然为街区士绅化铺平了道路，为低收入者和有色人种留下的空间很小（Smith and Larson，2007；另见Jameson，1995）。到21世纪的第一个10年，士绅化被认为是结束纽约市白人外逃的关键因素：在曼哈顿，2000 年至 2005 年间，5岁以下白人儿童的数量增长了40%；到2009年，白人占总人口的51%，自20世纪70年代中期以来首次成为该行政区的多数；与此同时，在2000年至2006年间，这5个行政区净损失了4万名非裔美国人。

虽然像雅各布斯和摩西一样，布隆伯格政府设想了一个没有贫民窟、经济充满活力的城市的未来，但其重建政策既没有探究也没有解决造成城市衰败和贫民窟形成的根本原因。相反，它借鉴了摩西和雅各布斯的遗产，出台了促进生活质量改善的一系列政策。这些政策着眼于吸引创意和创新产业及其成熟、高薪的工人，将纽约市置于竞争激烈的全球城市市场的顶端。当通过阶层视角审视这些政策时，穷人再次成为问题。而这个问题的答案在于，通过对表现不佳的社区进行整顿、重新区划或完全推倒，为新的标志性林荫大道、写字楼、高层公寓、海滨公园和其他21世纪的便利设施腾出空间。这些设施可以满足房地产价值并符合既有的理想城市正统观念。

正是在这种阶层政治的融合中，阿曼达·波顿提出的让布隆伯格政府如摩西般建设但要融合雅各布斯思想的理念，成为纽约市更宏大的重建叙事中不可或缺的强有力的工具。

也是在这里，在纽约市的阶层动态和围绕它们的政治中，重新拾起雅各布斯和摩西的思想遗产的行为本身就存在问题。因为值得关注的不是特定的历史事件或社会条件，而是它们如何被选择性地联合起来以反映某些特定的意识形态。虽然罗伯特·摩西和简·雅各布斯的遗产仍然被放在他们的敌对关系中看待，但这些斗争都代表了有产阶层之间的斗争。最后，摩西和雅各布斯并没有对彼此更宏大的野心——提升美国的经济实力——产生异议，就像他们对如何最好地达到这一目标所做的一样。在这方面，将摩西和雅各布斯视为意识形态对立面可以成为一种机制，有意和人为地将关于城市主义的辩论限制在一个狭隘的范围内，盲目接受和促进资本积累的逻辑，加剧了社会和经济不稳定——贫困、缺乏可负担住房、阶层和种族的隔离等——这继续困扰着今天的城市。

从这个角度，人们可以问，当今的摩西复活论者和雅各布斯捍卫者之间的争论是否涉及开发规模问题。双方的共同点在于士绅化政治，两者都支持这一观点，只是方式不同而已。而且他们的主张远不是一个真正理想的城市——或者至少不是一个将发展置于社会正义之下的城市主义模式——对真正理想的城市并没有太大作用。同样，布隆伯格政府依靠重新拾起他们的思想来支持新自由主义以增长为导向的发展逻辑，只会使现有的不平等长期存在，鼓励“通过剥夺实现积累”（Harvey 2008），并加剧雅各布斯、摩西和纽约市亿万富翁市长声称想要解决的现实问题。只有认识到这种重新表述的本质——城市阶层工程的正当理由，并超越雅各布斯和摩西，我们才能直面布隆伯格议程核心的规范逻辑，并开始尝试城市学家亨利·列斐伏尔所设想的通过斗争获得对城市空间的控制权，为所有居民建造一座城市。

注释

第1章

1. 1995年,《美国大城市的死与生》被《时代文学增刊》(*Times Literary Supplement*)评为“战后”100本最具影响力的书籍之一，其中包括安东尼奥·葛兰西(Antonio Gramsci)的《监狱笔记本》(*Prison Notebooks*)、卡尔·荣格(Carl Jung)的《回忆、梦想、反思》(*Memories*, *Dreams*, *Reflections*)、米歇尔·福柯(Michel Foucault)的《疯狂与文明：理性时代的疯狂史》(*Madness and Civilization: A History of Insanity in the Age of Reason*)，以及米尔顿·弗里德曼(Milton Friedman)的《资本主义与自由》(*Capitalism and Freedom*)(“最具影响力的100本书”，1995)。
2. 该论坛于2006年10月11日举行，名为“简·雅各布斯vs罗伯特·摩西：在今天，他们间的辩论情况如何?”(Jane Jacobs vs. Robert Moses: How Stands the Debate Today?)
3. 其中一个引用出现在解释性脚注中；另外三个则出现在一个页面中(Jacobs，1992，360)。相比之下，她对其他城市思想家的批判次数要更多：批判瑞士裔法国建筑师勒·柯布西耶10次(他的“光辉城市”概念几十次)，批判刘易斯·芒福德6次，批判埃比尼泽·霍华德15次(以及多次额外批判他的“田园城市”概念)。
4. 以下是这封1961年11月15日写给兰登书屋的贝内特·瑟夫(Bennett Cerf)的直白信件的全部内容：“我正式归还你寄给我的书。这不仅是描述过激和不准确的事实，更是一种诽谤。例如，请大家注意第131页。把这些垃圾卖给别人吧。诚挚的，罗伯特·摩西”(Moses，1961)。
5. 这样一来，除了罗伯特·摩西之外，雅各布斯还引起了规划和城市设计界其他人的愤怒。当城市规划师刘易斯·芒福德被问及对《美国大城市的死与生》的看法时，他回答说：“你征求我的意见，实际上是在请一位老外科医生对一个自信但马虎的新手的工作作出公开评论，这个新手错误地切除一个他自己臆想中使患者痛苦的肿瘤，但却忽视了患者实际器官的主要损伤。在这种情况下，外科手术没有任何有用的贡献，除了缝合病人并解雇这个笨蛋。诚挚的，刘易斯·芒福德。附言——很显然，这篇笔记不是用于出版的”（Mumford，1961）。

6. 1929年，纽约及其周边地区规划委员会公布了第一份规划，即《纽约及其周边地区规划》（*A Regional Plan for New York and Its Environs*）。当时，该委员会是常设的，且是区域规划协会的一员。

7. 更多关于于西特和他对雅各布斯的影响，见Lilley 1999。

第2章

1. 在撰写《美国大城市的死与生》之前，雅各布斯在《时尚》（*Vogue*）和《纽约先驱论坛报》（*New York Herald Tribune*）等杂志上发表了自由撰稿文章。她还曾在《建筑论坛》（*Architectural Forum*）担任编辑。

2. 有关摩西所做项目的完整列表和详细说明，请参阅Ballon and Jackson 2007b的“纽约市1934—1968年建设工程和项目目录”（Catalog of Built Work and Projects in New York City, 1934–1968）。

3. 有关向现代性过渡以及由此产生的文化、社会、建筑和经济转型的更详细讨论，请参阅Harvey 1990a and Berman 1982。

4. 摩西把矛头对准了包豪斯学派（Bauhaus School）的创始人、现代主义最著名的建筑师之一——沃尔特·格罗皮乌斯（Walter Gropius）。摩西在书中写道，格罗皮乌斯是个外国人，他想把异教思想引入美国，他提倡的建筑哲学“比起‘拉莱柱’（lally column）[①]和‘二乘四的木材’（two-by-four timber）[②]来说，没什么更新颖的了”（Moses，1944，p16）。

5. 有关摩西与芒福德之间的规划辩论的更多信息，请参见“City Planning”1943。

6. 作为《财富》杂志的编辑，1958年怀特委托雅各布斯基于她在《建筑论坛》的工作，为该杂志的“扩张的大都市”（The Exploding Metropolis）系列栏目撰写了一篇文章。这篇文章引起了洛克菲勒基金会的注意，并最终带来了《美国大城市的死与生》。

7. 关于摩西早期批评的更综合的讨论，见Fishman 2007。

---

① 建筑中间浇筑混凝土的钢圆柱。

② 北美标准板材尺寸。

8. 杰克逊当时宣称，摩西的成就，在与1988年左右的纽约市进行比较时最能体现出来："自从摩西在1968年失去权力以来，纽约市没有建造新的桥梁，没有新的高速公路，几乎没有新的公共住房项目，没有新的表演艺术中心，也没有新的海滩。它的公园已经恶化，其基础设施正在崩溃。1968年我搬到纽约时，曼哈顿西侧的污水处理厂就在建设中，但在耗时20年，斥资10亿美元之后，仍未完工。同样，第二大道地铁和第三条水下隧道建设也有可能延迟到21世纪"（Jackson，1989，p30）。

9. 更早的时候，在1958年11月在"纽约公共汽车大会"（New York State Motorbus Convention）上发表的演讲中，雅各布斯将芒福德单独列为批判对象，表明"如今对市中心的最大威胁"不是他认为的郊区化或经济分散化，而是来自"对交通权宜之计的善意尝试"（Jacobs，1958）。

10.《美国大城市的死与生》的其他早期和后续的评论者赞同了芒福德对雅各布斯关于社区和安全观点的反应。乔纳森·米勒（Jonathan Miller）在《新政治家》（*New Statesman*）中写道，"与其说雅各布斯是为美国城市的死亡哀悼，不如说她是在为格林威治村和其他村庄的消失哀悼。在美国大都市的发展过程中，保存重要的街头文化是安全愉快生活的必要但几乎不充分的条件。雅各布斯夫人对决定城市生活结构的社会集体活动大加宣扬"（Miller，1962，497）。另请参阅理查德·桑内特（Richard Sennett）1970年发表在《城市经济》（*The Economy of Cities*）（Sennett，1970）上对《美国大城市的死与生》影响的评论，和戈特利布（Gottlieb）在1989年的评论。

11. 2007年2月，洛克菲勒基金会宣布设立简·雅各布斯奖章，这是一项年度奖，"以表彰通过创造性地利用城市环境建设更多样化、更有活力、更公平的城市的富有远见工作"。该奖项是为了表彰"在纽约市的城市实践中表现出雅各布斯式原则和实践的个人"（Rockefeller Foundation，未注明出版年）。

12. 怀特的名是威廉。

13. 1961年也是《美国大城市的死与生》出版的一年。同年2月，纽约市住房和重建委员会（New York City's Housing and Redevelopment Board）寻求30万美元的规划拨款，以研究格林威治村城市更新的可行性。该请求是住房和重建委员会、纽约大学和两个邻里社区组织［格林威治村联合会（Greenwich Village Association）和格林威治村中等收入合作社（Middle-Income Cooperators of Greenwich Village）］之间会议的结果，这些组织旨在促进居民对中低收入住房保障。但资金申请在投票前两天公开，居民担心"城市更新研究会不可避免地导致破坏性的城市更新项目"（Rich，未注明出版年，p5），成立了拯救西村委员会（Committee to Save the West Village）。该委员会在雅各布斯的家中运作，并在9个月后采用了一系列措施迫使他们撤回资金申请。这些措施包括在公开听证会上设立超过12小时的阻挠议程，吸引当地和国家媒体的报道，有一次，雅各布斯撕毁了会议纪要，使会议无效。西村委员会随后利用米契-拉玛行动（Mitchell-Lama act）的资金制定了自己的城市更新规划，用于建造西村475套可负担住房，即在6块空地上建造的5层建筑。该规划于1962年制定，1969年获得批准，第一批租户于1974年入住。但他们的停留时间很短，运营仅一年后，该开发项目就因“市场压力”而被迫丧失抵押品赎回权，如今这些住宅已成为私有的合作公寓（另见Flint，2009）。

14. “纽约2030规划”是自1969年以来为纽约市提出的第一个综合性总体规划。城市规划部的预测显示，到2030年纽约市将激增100多万人口。该规划呼吁采取一系列土地利用举措，包括建造26.5万套新住房以及大幅扩展城市的开放空间网络。它是在2007年4月22日“世界地球日”这一极具象征意义的一天宣布的。

15. 2009年，兰德当选为纽约市议会议员，代表布鲁克林第39区。

16. 例如，在1994年保守派曼哈顿政策研究所（Manhattan Institute for Policy Research）的季刊《城市杂志》（*City Journal*）中，霍华德·赫索克（Howard Husock）认为雅各布斯反对城市更新是基于经济学，而不是设计或规划。赫索克坚持认为，20世纪50年代她反对在东哈莱姆建造公共住房，不仅与1300家波多黎各企业及其服务的居民流离失所有关，还可能与公共基金（大约3亿美元）的使用有关。“雅各布斯仍然可以为我们提供很多东西，但不是人们通常认为的那样。尽管雅各布斯在文化上与左派有关，但她敢于遵循她自己的观察逻辑行事，这促使她反对左派所主张的很多东西。真正的简·雅各布斯不仅喜欢繁忙的城市街区，而且对抑制城市经济发展的高水平福利支出表示强烈谴责。她不仅乐于享受城市提供的种类繁多的小企业，而且对公共服务（如公共交通）的运行方式提出了质疑，她认为这种方式阻止了私营竞争者的形成”（Husock，1994，p111）。

17. 关于《城市经济》的批判性回顾，见Sennett 1970。

18. 在《简·雅各布斯：城市梦想家》的导言中，爱丽丝·施帕恩贝格·亚历克赛称赞伯恩斯的纪录片为她的项目提供了“萌芽”（Alexiou，2006，pix）。

19. 事实上，这种做法是安东尼·弗林特在2009年描写雅各布斯与摩西竞争的《与摩西搏斗：简·雅各布斯是怎样成为纽约建筑大师并改变美国城市的》一书的核心元素。虽然弗林特承认，到了1961年，摩西已不再有资格直接指挥贫民窟清拆委员会的推土机，但他断言，摩西一定是为了报复而游说雅各布斯所在的社区进行城市重建（Flint，2009）。这个虚构的故事特别强调了摩西后期的失败，也出现在莎伦·祖金早期的《裸城：原真性城市场所的生与死》（*Naked City: The Death and Life of Authentic Urban Places*）一书中（Zukin，2010，p14）。

第3章

1. 大都会交通署是一个公益机构，负责监督纽约市五个行政区及其郊区的公共交通。

2. 我查阅了朱利安·布拉什的博士论文，以获得这本书中引用的信息；不过，这篇论文后来被乔治亚大学出版社于2011年出版为《布隆伯格的纽约：奢华城市的阶层和治理》（*Bloomberg's New York: Class and Governance in the Luxury City*）。

3. 2010年2月16日，参议员查尔斯·舒默（Charles Schumer）宣布，联邦政府已为该两阶段项目的第一阶段拨款8300万美元作为刺激资金。

4. 帝国开发公司是纽约州的一家公益公司，成立于1968年，原名为城市发展公司（Urban Development Corporation），主要为公共住房建设提供资金。1995年，城市发展公司和其他几个纽约州经济发展机构合并，并开始以帝国开发公司的名义开展业务。根据该机构的网站，其使命是“促进商业投资和增长，从而在纽约州各地创造就业机会和繁荣社区”（参见http://www.empire.state.ny.us/ AboutUs.html）。帝国开发公司可以在没有全民公投的情况下发行债券，并拥有土地征用权。随着时间的推移，帝国开发公司/城市发展公司已经监督了从炮台公园城和雅各布·贾维茨会议中心的建设到曼哈顿第42街的再开发等项目。

5. 2009年9月，为了给大西洋广场带来更多资金，拉特纳将新泽西网队80%的股份和40%的球场股份卖给了俄罗斯商业巨头米哈伊尔·普罗霍罗夫（Mikhail Prokhorov）。

第4章

1. 巴隆在论坛上的声明是“我们也许正从对大规模政府规划努力的长期冷嘲热讽中走出来，摩西的困境很有启发性”（Ballon，2006）。

2. 多克托罗夫于2008年12月正式卸任副市长，重返私人领域，并成为布隆伯格资讯有限公司（Bloomberg L. P.）的总裁，该公司是由市长创立的信息服务和媒体公司。即便如此，多克托罗夫仍继续为政府提供建议，并密切参与许多在他任内开始的大型开发项目。

3. 从工业用途中重新夺回纽约市滨水区的想法并不新鲜：20世纪90年代初，丁金斯政府的成员就提倡这样的再开发战略。

4. 有关正面比较请参阅Halle 2006。更多批评性评论请参见Fainstein 2005a和Wells 2007。

5. 纽约大学城市规划学教授、“35人集团”主席米切尔·莫斯（Mitchell Moss）吹嘘了奥运会带来的变革潜力（Applebome，1996）。

6. 作为纽约市统一土地使用审查程序的一部分，当地社区有权提出自己的社区重建规划，即197–a规划。这些社区制定的规划是不具有约束性的，并且需要像其他规划一样通过相同的多步骤审批过程。

7. 两个典型的例子是罗西特·阿格瓦拉（2006年被任命为纽约市长期规划和可持续发展办

公室主任）和维沙恩·查克拉巴蒂（2002—2004年担任纽约市城市规划部曼哈顿办公室主任）。阿格瓦拉在加入布隆伯格政府之前，曾在克林顿领导下的美国交通部工作，并在麦肯锡公司担任顾问，并获得了哥伦比亚大学历史学博士学位，肯尼斯·杰克逊是阿格瓦拉的论文《帝国的王座：纽约、费城和美国大都市的出现，1776—1837》（Seat of Empire: New York, Philadelphia, and the Emergence of an American Metropolis, 1776–1837）的指导教师。查克拉巴蒂在加入负责哈得孙广场重建的私营公司瑞联集团之前，帮助制定了该市的哈得孙广场重建规划。2009年夏天，他离开了瑞联集团，成为哥伦比亚大学建筑与规划学院的房地产开发项目主任。自离开政府以来，他已成为私营部门参与重建的热情支持者和城市知识分子，“谈论和写作他认为被误导的城市规划观念，尤其是‘大就必然是坏’的观念，并称这为是简·雅各布斯效应”（Starita，2008，p28）。

第5章

1. 巴策尔提到的另一个“关键”项目是1966年爱迪生联合电气公司（Consolidated Edison）提出的在哈得孙河上的暴风王山（Storm King Mountain）建立水力发电站的失败方案。
2. 区域计划协会主席兼《风险地区》的合著者罗伯特·雅罗开玩笑说他的办公室里有一个“纽约之死书柜”，以卡罗的《权力掮客》为代表，并断言摩西带来了“纽约的衰败”（Yaro，2009）。
3. 围绕预计人口增长和相关威胁（或至少是挑战）展开的叙事，不会是最后一次。1948年，在摩西时代的鼎盛时期，时任区域规划协会主席的保罗·温德尔斯（Paul Windells）在《市政评论》（*Municipal Review*）上撰文，估计到1970年，纽约大都会区将新增200万人口。他总结道，“这可能是对我们的未来作出有效决定的最好机会，也可能是最后机会”（Windells，1948，p373）。
   1962年年末版的《普瑞特规划文件》（*Pratt Planning Papers*），由普瑞特研究所城市和区域规划部（Pratt Institute’s Department of City and Regional Planning）于1962年至1968年出版。该规划依据同样的预测认为，那些额外的居民将“解决”纽约市大都会区超过1500平方英里未开发的土地，而同样数量的城市中心居民将从市中心迁移到郊区，并有“150万少数族裔人口将增加到该地区尚未同化的250万人口中”（Pratt Institute Department of City and Regional Planning，1962，p1）。一年后，另一篇社论警告说，由于已经密集的市中心缺乏扩张空间，“到1985年，预计周边社区将不得不消化所有预测的600万人口增长”（Pratt Institute Department of City and Regional Planning，1963，p2）。当时，大都会地区的人口已经达到1600万。一篇社论警告说：“不管我们乐不乐意，到1985年，这里将增加600万人口。而他们需要住房”，文章接着主张通过规范发展和通过州立法来“引导增长”，并允许“成立公共开发公司，授权其在必要时通过征用权征用土地，以建造城镇未来人口所需的所有公共设施、街道和公用设施”（Pratt Institute Department of City and Regional Planning，1963，pp2–4）。

随后，在2007年，布隆伯格市长根据纽约市人口到2030年将再增加100万人的预测，发布了他的“纽约2030规划”（见第4章）。

4. 刘易斯·芒福德是这些批评者中的一员，他质疑“人口增长不可避免”的观念，并主张限制发展和分散城市核心（Yaro and Hiss，1996，p1）。

5. “绿草地”这个名字直接引自奥姆斯特德的论述（Yaro and Hiss，1996，p83）。

6. 例如，报告指出，纽约和新泽西用于社区目标，以满足联邦清洁水法案（Clean Water Act）的联邦基金，从1972年的6亿美元下降到1987年的2.35亿美元，且这资金是以低息贷款的形式发放的，而不是直接拨款（Yaro and Hiss，1996，p64）。

7. 根据纽约市公园委员会（New York City Parks Council）的说法，在这些“服务水平低下的社区”，光是新建100个公园和娱乐区，就预计要耗资1.95亿美元；维护这些公园每年还额外需要2000万美元（Yaro and Hiss，1996，p110）。

8. 在《风险地区》中使用纽约城市规划部在20世纪90年代的两个典型案例，一是出台《联运地面交通效率法案》（Intermodal Surface Transportation Efficiency Act，ISTEA），以资助沿着布鲁克林海滨公园路重建一条徒步和自行车道；二是获得被废弃的史坦顿岛北岸铁路的路权，以扩展其绿道规划（Yaro and Hiss，1996）。

9. 关于不平衡发展的详细讨论，参见Smith 2008。有关士绅化的更集中讨论，见Smith 1996，pp77–92。

10. 有关世界贸易中心重建问题的完整讨论，请参阅Mollenkopf 2004。琳恩·萨加林（Lynne Sagalyn）在她的《争议之城》（*Contentious City*）一书中写道，“在早期的重建讨论中，一些人提议选出一个强有力的‘重建沙皇’、一个‘现代版罗伯特·摩西’，这个人可以克服冲突的命令和持续的压力，在权力下展示出快速的进展”（Sagalyn，2004，p26）。

第6章

1. 比如，在《纽约时报书评》（*New York Times Book Review*）上刊登的《权力掮客》的广告中，雅各布斯热情地吹捧罗伯特·卡罗的作品，“卡罗做了一件多么伟大的事情！我简直爱不释手。为了继续自己的工作，我不得不强迫自己定量阅读。《权力掮客》不仅像传记、城市历史、纯粹的好书一样出色，还是一项巨大的公共服务”（New York Times Book Review，1974，p11）。

2. 为了与正在进行的纪念雅各布斯精神的庆祝活动保持一致，城市艺术协会在2009年6月16日举办了一次图书发布会。

3. 容积率是用于确定建筑物大小的乘数。例如，当商业用地的平均容积率为15时，意味着开发商可以建造一座总平方英尺等于该地块平方英尺乘以15的建筑。

4. 在调查的时候，剩下的4%正在建设或翻新（Kayden，2000）。

5. 雅各布斯在写《美国大城市的死与生》时，当时正在考虑1961年的区划变化。她在书中写道，"有几十种使用类别，每一种都经过了最仔细和深思熟虑的区分，并且所有这些类别都与不同城市地区的实际使用问题无关"（Jacobs，1992，p235）。

6. 雅各布斯在《美国大城市的死与生》中写道，"在城市中心，公共政策无法直接介入完全私营企业，为人们提供下班后的服务并激发活力，提振环境的场所。公共政策也不能通过任何形式的法令在市中心保留这些用途。但间接地，公共政策可以通过使用自己的棋子，以及那些易受公众压力影响的棋子，在适当的地方作为引子，鼓励它们的发展"（Jacobs，1961，p167）。

7. 会议于2008年6月11日在西第45街530号 PS 51 Elias Howe School举行。

8. 2007年6月，一个成立于2004年的，旨在反对拟议大西洋广场重建计划的非营利性社区组织"别让发展摧毁布鲁克林"（Develop Don't Destroy Brooklyn）计算出，森林城公司将获得21.1亿美元的各种形式的公共补贴，用于大西洋广场的重建，包括6.5亿美元用于拟建弗兰克·盖里设计的活动场馆（Develop Don't Destroy Brooklyn，2007）。2006年4月，纽约市独立预算办公室的一份报告估计，为纽约大都会队建造一个新体育场，40年内纽约市将花费约1.77亿美元，纽约州将额外花费8900万美元。同时，纽约市还将提供2.2亿美元，用于停车设施、滨水公园和与纽约洋基队新球场有关的其他工作（City of New York Independent Budget Office，2006）。

9. 2004年，该地区四口之家的收入中位数为5万美元（New York City Department of Housing Preservation and Development，2002）。

第7章

1. 2000年，在173人口普查区（Census Tract 173）（由阿姆斯特丹大道、第90街、中央公园西和第86街围合成的区域）的48个自住单元中，有36个单元的价值在100万美元以上。该地区的家庭收入中位数为12.4万美元（U. S. Bureau of the Census，2000b）。

2. 贾菲也出现在《美国大城市的死与生》中，不过角色略有修改。

3. 2000年，30.2%的纽约市居民拥有自己的住房，而纽约州为53%，美国为68.9%。该市自有住房价格中位数为21.19万美元，而全市家庭收入中位数仅为38293美元。相比之下，全州自有住房的中位数价值为14.87万美元，家庭收入中位数为43393美元。纽约市略多于五分之一（21.2%）的居民生活在贫困线以下，而全州只有14.6%（U. S. Bureau of the Census，2000a）。

4. 作者乔尔·施瓦茨（Joel Schwartz）在其未完成的《罗伯特·摩西与现代城市》（*Robert Moses and the Modern City*）一书中指出，雅各布斯对多样性的兴趣与经济增长或创造就业机会关系不大，而更多地与“多样化的‘氛围’营造有关”，一种在西村的狂欢节气氛，为闲逛者、漫不经心的旁观者和中产阶层咖啡店内的闲人提供了一系列的乐趣和具有吸引力的事物。但请注意，她赞赏从工厂到服务和住宅的变化，而不是反过来……只有当蓝领工作能够维持中产阶层住宅区的氛围时，她才会支持这种工作（Schwartz，2007，132-133）。

5. 在这里，雅各布斯直接采用了从亚当·斯密（Adam Smith）关于原始积累和资本主义起源的讨论中挑选出来的概念——更不用说语言了：“很久很久以前，世界上有两种人：一种是勤奋的、聪明的、最重要是勤俭的精英；另一种是懒惰的流氓，在放荡的生活中挥霍钱财，甚至超出了他们自己的财产”（Sites，2003，p13）。

6. 雅各布斯本人具有早期士绅化人士的特征。作为一个来自宾夕法尼亚州（Pennsylvania）斯克兰顿的（Scranton）工人阶层城市的“中产阶层女孩”，刚搬到纽约后，她就和她丈夫在哈得孙街上买了一个“很小的旧式联排住宅”（当时格林威治村主要居民是爱尔兰工人阶层），并将其改造为“中产阶层联排住宅”（Gans，2006，p213）。然而，甘斯认为，雅各布斯因激发或鼓励了一场更大的“士绅化热潮”而“受到了不公正的赞美和指责”（Gans，2006，p214）。同样，克莱梅克认为，仔细阅读雅各布斯在《美国大城市的死与生》中关于保护的章节，以及她对将旧的、不那么时髦的建筑作为经济上可行的可负担住房来源的倡导，使她在士绅化问题上的立场复杂化（Klemek，2008a）。

7. 更多关于雅各布斯与南街海港关系的论述，见Zuccotti 1974。

8. 在21世纪的第一个10年末，类似的方法用于重建总督岛（Governors Island），这是一个172英亩的前军事基地，就在纽约上城、曼哈顿南端。那里正在修建一座耗资数百万美元、由荷兰景观建筑公司West 8设计的公园，部分原因是为了吸引开发兴趣。

9. 然而，这项安排也有一个漏洞，即允许纽约市挪用这些资金维持现有的市政服务。随着时间的推移，这个漏洞成为预算的支柱，1990年，由于预算不足，基地之外的住房项目被暂停。总之，虽然这一举措带来了10亿美元的承诺，但实际用于住房的金额要少得多，建造的住房数量也很有限：修复了1557个空置的市属建筑单元和社区设施；翻新了南布朗克斯区14栋废弃建筑，共893套住房，以及哈莱姆中心另外40个空置建筑，共664套住房；另外，通过将空置建筑出售给南布朗克斯区的非营利开发商，形成了2128套住房（Gordon，1997）。2006年，双方达成协议，炮台公园城的1.3亿美元收入将用于设立纽约市住房信托基金，并为纽约收购基金提供种子融资，用于十年内在基地外维持和建造3万套可负担住房的提议（New York City Department of Housing Preservation and Development，2008）。

10. 在他的任期内，从1949年到1960年，作为市长的贫民窟清拆委员会主席，摩西获得了32项规划拨款，见证了17个重建/更新项目的完成，并帮助纽约获得了6580万美元的联邦“第I条”资源（Ballon，2007）。

11. 摩西将他的17个“第I条”项目中的12个安置在现有的公共住房项目附近；在其中两个案例中，“第I条”项目是与公共住房项目一起建造的（Ballon，2007）。

第8章

1. 例如，关于雅各布斯的遗产及其与芝加哥重建政策的关系，以及新城市主义和理查德·佛罗里达的创意城市概念的讨论，见Bennett 2010。

2. 在政策流动性文献中，摩西作为“新任政策顾问”从纽约市前往波特兰“传授知识”（McCann，2011，p114）。

3. 到1950年，波特兰大都市的人口几乎是战前的两倍，达到70.5万。到1990年，这一数字已经增长到180万。到2009年年底，根据波特兰州立大学的估计，仅波特兰就有58.213万人，而大都会区人口激增至220万（Portland State University，2009）。

4. 至少对一些人来说，波特兰曾经有过这样一位人物——尽管可能更开明——格伦·杰克逊（Glenn Jackson），他曾任太平洋电力与照明公司（Pacific Power and Light）首席执行官和俄勒冈州公路委员会（Oregon Highway Commission）主席，按照2007年波特兰俄勒冈人的一篇社论的说法，他可以“从与商界和政府的关键人物的离散但有力的对话中变出桥梁和高速公路”（Editorial，2007，C6）。作为回应，波特兰交通网站（Portland Transport）的一位博主称杰克逊是“有史以来最接近罗伯特·摩西式角色的俄勒冈州人”（“Pining for Glenn Jackson”，2007）。

5. 她的第二本书《城市经济》于1970年出版；她的第三本书是1984年出版的《城市与国富论》（*Cities and the Wealth of Nations*）。

第9章

1. 波顿是标准石油公司（Standard Oil）继承人斯坦利·莫蒂默（Stanley Mortimer）和纽约

市社交名媛和时尚偶像贝比·佩利（Babe Paley）的女儿。

2. 在公开场合，多克托罗夫否认与波顿有任何分歧，并淡化了有关她是规划主任备选人选的任何猜测。在2002年接受《纽约》杂志采访时，多克托罗夫指出，他面试了波顿三次，并进行了“广泛的尽职调查，我发现这个人非常务实，对工作充满激情，对纽约充满激情，她知道自己想把城市规划委员会带到哪里去。这让我感觉很舒服”（Gardner，2002）。

3. 2004年7月，布隆伯格宣布开展“卓越的设计与建造（D+CE）”［Design and Construction Excellence（D+CE）］项目，以证明政府“致力于培养我们城市的优秀设计”，并扩大纽约“作为世界设计之都的卓越地位”。通过纽约市的设计和建设部（Department of Design and Construction）管理，该项目的“标志”包括采用“设计服务于采购”的基于质量的选择过程（Bloomberg，2004）。

4. 2009年10月19日，也就是纽约市议会批准对哈得孙广场西半部重新区划的那天，波顿宣布，纽约市将继续推进计划，购买高线公园剩余的最北端部分，它沿着哈得孙广场的南部和西部边缘延伸（更多信息参见Chaban 2009）。

5. 公共空间项目组织包括怀特和雅各布斯，他们都是“空间生产的先行者”。根据该项目的网站，“空间生产运动诞生于40多年前，当时简·雅各布斯和威廉·怀特等先行者阐述了他们关于美国人和城市体验的开创性思想。当时，他们的思想还没有名字——他们只是向我们表明，城市应该为人而设计，有可步行的街道、受欢迎的公共空间和充满活力的社区”（Project for Public Spaces，未注明出版年b）。

6. 如果按原设计建造，这座建筑会和帝国大厦（Empire State Building）一样高。

7. 和波顿一样，纽约市公园主任阿德里安·贝内普也对他管辖范围内的项目采取“亲力亲为”的方式，他也“在最后方案阶段审查所有的设计”（Benepe，2008a，p57）。

8. 可以肯定的是，政府参与了政策流动过程的两个方向。波顿与她的下属不仅会周游世界，寻找最佳实践，以适应纽约的特殊情况，而且她、多克托罗夫，以及市长都经常在国际活动中发言，他们将纽约定位为当代城市创新和设计的最前沿。

9. 例如，为了捕捉和重现哥本哈根生动的街道咖啡馆场景，波顿和沃什伯恩前往丹麦，在那里他们测量了哥本哈根一个海滨咖啡馆的精确尺寸。沃什伯恩在他给美国建筑师协会（American Institute of Architects）的报告中，包括一张波顿骑自行车穿过城市的照片。

第10章

1. 2008年，当地公共电台主持人布莱恩·莱勒（Brian Lehrer）推出了一个网站，允许纽约居民列出停滞的项目，“暂停的起重机”，该项目是WNYC电台“你的不寻常经济指标”（Your Uncommon Economic Indicators）系列节目的一部分。该网站可以通过以下网址访问：

2. http://maps.google.com/maps/ms? msa=0&msid=102520626049988660817.00046e3703b8126b12edb&ie=UTF8&ll=40.700422%2C-73.970947&spn=0.057262%2C0.077248&z=13&source=embed.

3. 纽约市经济发展公司是一个非营利性的公私合营机构，其使命是“通过加强纽约市的竞争地位和促进建设能力投资，鼓励纽约市五个行政区的经济增长，创造繁荣并刺激整个城市生活的经济活力”（New York City Economic Development Corporation，2012）。纽约市经济发展公司密切参与了市长布隆伯格的发展议程的规划和执行，密切参与了重大项目的“迭代过程”，包括哈莱姆区第125街和威利茨角的复兴（Pinsky，2008）。纽约市经济发展公司由市长控制，市长直接任命27名董事会成员中的7人，其中也包括主席，此外他还提名了10名其他成员。剩下的10个董事会职位由城市的5个区长选出，每个区长任命1个，市议会议长任命5个。在2007—2008年的预算中，纽约市经济发展公司报告说，它从纽约市获得了近5.899亿美元的补偿和拨款。这占了纽约市经济发展公司全年8.488亿美元总营业收入的近70%。另外1.26亿美元（14.4%）的营业收入来自房地产销售和物业租赁。

4. 在2008年2月接管纽约市经济发展公司之前，平斯基是一名房地产律师，曾担任该公司的执行副总裁，共同管理金融服务部门。他管理了纽约市许多自由裁量的激励计划，并帮助协商了许多重大发展项目，包括大西洋广场。甚至在早些时候，他还帮助协调了纽约市经济发展公司在哈得孙广场的工作。

5. 城市设计研究所（Institute for Urban Design）是一个总部设在纽约的非营利组织，旨在通过“为建筑师、规划师、决策者、开发商、学者、记者和城市爱好者创造一个共同的领域，为有关城市规划、发展和设计中的问题提供一个中心讨论平台”（Institute for Urban Design，2012）。

6. 这座体育场于2009年4月开放，拥有45000个座位，建造时获得了超过1.6亿美元的市和州补贴，以及5.4亿美元的免税融资。

作者简介

斯科特·拉森（Scott Larson）是一名独立学者，曾在瓦萨尔大学、皇后大学和亨特大学教授地理学和城市研究课程。

参考文献

Abbott, Carl. 1983. *Portland: Planning, Politics, and Growth in a Twentieth-Century City*. Lincoln: University of Nebraska Press.

———. 2010a. E-mail exchange with the author, October 25.

———. 2010b. E-mail exchange with the author, November 15.

———. 2010c. "Robert Moses in Portland." *Urban West*, July 7. Available at http://theurbanwest.com/page/2.

Acitelli, Tom. 2007. "Doctoroff on Moses Comparisons: 'Always a Little Odd.'" *New York Observer*, December 7. Available at http://observer.com/2007/12/doctoroff-on-robert-moses-comparisons-always-a-little-odd.

———. 2009. "The Power 100: The Most Powerful People in New York Real Estate." *New York Observer*, June 3. Available at http://observer.com/2009/06/the-power-100-the-most-powerful-people-in-new-york-real-estate.

Aggarwala, Rohit. 2007. Remarks at "New York 2030: New York's Green and Just Future," Cooper Union, New York, November 17.

Alexiou, Alice Sparberg. 2006. *Jane Jacobs: Urban Visionary*. Piscataway, NJ: Rutgers University Press.

American Institute of Architects. 2008. Flyer for "Ecotones: Mitigating NYC's Contentious Sites" conference, New York, May 22.

Anderson, Martin. 1964. *The Federal Bulldozer*. Cambridge, MA: MIT Press.

Angotti, Tom. 2005. "Atlantic Yards: Through the Looking Glass." *Gotham Gazette*, November 15. Available at http://www.gothamgazette.com/article/landuse/20051115/12/1654.

———. 2007. "Plan NYC 2030." *Gotham Gazette*, February 6. Available at http://www.gothamgazette.com/article/landuse/20070206/12/2095.

Applebome, Peter. 1996. "So You Want to Hold an Olympics." *New York Times*, August 4. Available at http://www.nytimes.com/1996/08/04/weekinreview/so-you-want-to-hold-an-olympics.html.

Atlantic Yards. n.d. "Community Benefits Agreement." Available at http://www.atlanticyards.com/community-benefits-agreement (accessed December 11, 2012).

August, Martine. 2008. "Social Mix and Canadian Public Housing Redevelopment: Experiences in Toronto." *Canadian Journal of Urban Research* 17 (1): 82–100.

Bagli, Charles. 2009a. "M.T.A. and Developer Agree to Delay $1 Billion Railyard Deal." *New York Times*, February 2. Available at http://www.nytimes.com/2009/02/03/nyregion/03yards.html?ref=westsiderailyardsnyc.

———. 2009b. "New Design Unveiled for Atlantic Yards Arena." *New York Times*, September 9. Available at http://cityroom.blogs.nytimes.com/2009/09/09/new-design-unveiled-for-atlantic-yards-arena/?ref=charlesvbagli.

———. 2009c. "New Nets Arena Wins Another Court Challenge." *New York Times*, December 1. Available at http://www.nytimes.com/2009/12/02/nyregion/02yards.html?ref=charlesvbagli.

———. 2010. "Development at Railyards Is Delayed." *New York Times*, February 1. Available at http://www.nytimes.com/2010/02/02/nyregion/02railyards.html?ref=charlesvbagli.

Ballon, Hilary. 2006. Remarks at "Jane Jacobs vs. Robert Moses: How Stands the Debate Today?" Gotham Center for New York City History, City University of New York, New York, October 11.

———. 2007. "Robert Moses and Urban Renewal." In *Robert Moses and the Modern City: The Transformation of New York*, edited by Hilary Ballon and Kenneth Jackson, 94–115. New York: Norton.

———. 2008. Presentation to Masters of Urban Planning Program, Robert F. Wagner Graduate School of Public Service, New York University, New York, February 19.

Ballon, Hilary, and Kenneth Jackson. 2007a. Introduction to *Robert Moses and the Modern City: The Transformation of New York*, edited by Hilary Ballon and Kenneth Jackson, 65–66. New York: Norton.

———. 2007b. *Robert Moses and the Modern City: The Transformation of New York*. New York: Norton.

Barbanel, Josh. 2004. "Remaking, or Preserving, the City's Face." *New York Times*, January 18. Available at http://www.nytimes.com/2004/01/18/realestate/remaking-or-preserving-the-city-s-face.html?pagewanted=all&src=pm.

Barbaro, Michael. 2008. "As Bloomberg's Time Wanes, Titans Seek Mayor in His Mold." *New York Times*, July 7. Available at http://query.nytimes.com/gst/fullpage.html?res=9806E0D9103FF934A35754C0A96E9C8B63&ref=michaelbarbaro.

Barwick, Kent. 2008a. E-mail exchange with the author, November 25.

———. 2008b. Interview with the author, November 4.

Beauregard, Robert. 1989. "Between Modernity and Postmodernity: The Ambiguous Position of U.S. Planning." *Environment and Planning D: Society and Space* 7 (4): 381–395.

Beckelman, Laurie. 2007. Remarks at "The Future Face of New York," Hunter College, New York, October 18.

Benepe, Adrian. 2007. Remarks at "New York 2030: New York's Green and Just Future," Cooper Union, New York, November 17.

———. 2008a. "Friday in the Park with Adrian." By Linda McIntyre. *Landscape Architecture* 98 (2): 50–59.

———. 2008b. Remarks at "Civic Talk: Battles of Development," Museum of the City of New York, New York, July 17.

Bennett, Larry. 2010. *The Third City: American Urbanism.* Chicago: University of Chicago Press.

Berman, Marshall. 1982. *All That Is Solid Melts into Air: The Experience of Modernity.* New York: Simon and Schuster.

Bernstein, Adam. 2006. "Jane Jacobs, 89: Writer, Activist, Spoke Out against Urban Renewal." *Washington Post*, April 26. Available at http://www.washingtonpost.com/wp-dyn/content/article/2006/04/25/AR2006042501026.html.

Bianco, Martha. 2001. "Robert Moses and Lewis Mumford: Competing Paradigms of Growth in Portland, Oregon." *Planning Perspectives* 16:95–114.

Bloomberg, Michael. 2004. "Mayor Michael R. Bloomberg Announces the 22nd Annual Art Commission Awards for Excellence in Design." Available at http://www.nyc.gov/portal/site/nycgov/menuitem.c0935b9a57bb4ef3daf2f1c701c789a0/index.jsp?pageID=mayor_press_release&catID=1194&doc_name=http%3A%2F%2Fwww.nyc.gov%2Fhtml%2Fom%2Fhtml%2F2004b%2Fpr191-04.html&cc=unused1978&rc=1194&ndi=1.

———. 2007. Keynote address, "Thinking Big for New York City," Manhattan Institute Center for Rethinking Development, New York, November 1.

———. 2008. "Mayor Bloomberg Delivers 2008 State of the City Address." Available at http://www.nyc.gov/portal/site/nycgov/menuitem.c0935b9a57bb4ef3daf2f1c701c789a0/index.jsp?pageID=mayor_press_release&catID=1194&doc_name=http%3A%2F%2Fwww.nyc.gov%2Fhtml%2Fom%2Fhtml%2F2008a%2Fpr018-08.html&cc=unused1978&rc=1194&ndi=1.

———. 2009. "Statements of Mayor Bloomberg and Governor Patterson on Final Public Approval of General Project Plan for Columbia University Expansion." Available at http://www.nyc.gov/portal/site/nycgov/menuitem.c0935b9a57bb4ef3daf2f1c701c789a0/index.jsp?pageID=mayor_press_release&catID=1194&doc_name=http%3A%2F%2Fwww.nyc.gov%2Fhtml%2Fom%2Fhtml%2F2009a%2Fpr233-09.html&cc=unused1978&rc=1194&ndi=1.

Boudreau, Julie-Anne, Roger Keil, and Douglas Young. 2009. *Changing Toronto: Governing Urban Neoliberalism.* Toronto: University of Toronto Press.

Boyer, M. Christine. 1992. "Cities for Sale: Merchandising History at South Street Seaport." In *Variations on a Theme Park: The New American City and the End of Public Space*, edited by Michael Sorkin, 181–204. New York: Hill and Wang.

Brash, Julian. 2006. "The Bloomberg Way: Urban Development Politics, Urban Ideology, and Class Transformation in Contemporary New York City." Ph.D. dissertation, Graduate Center, City University of New York.

Brenner, Neil and Nik Theodore. 2002. "Cities and the Geographies of Actually Existing Neoliberalism." *Antipode* 34 (3): 349–379.

Brown, Carlton. 2007. Remarks at "The Oversuccessful City: Developer Realities," New York Times Center Stage Auditorium, New York, November 27.

Buettner, Russ, and Ray Rivera. 2009. "A Stalled Vision: Big Development as the City's Future." *New York Times*, October 29, A1.

Burden, Amanda. 2006a. Remarks at "Jane Jacobs vs. Robert Moses: How Stands the Debate Today?" City University of New York, New York, October 11.

———. 2006b. "Jane Jacobs, Robert Moses, and City Planning Today." *Gotham Gazette*, November 6. Available at http://www.gothamgazette.com/article//20061106/202/2015.

———. 2007a. "Shaping the City: A Strategic Blueprint for New York's Future," presented at the Department of Urban Affairs and Planning, Hunter College, New York, November 5.

———. 2007b. Remarks to Crain's New York Business Breakfast, New York, February 14.

———. 2008a. "Shaping the City: A Strategic Blueprint for New York's Future," presented at the School of Architecture, City College of New York, New York, March 27.

———. 2008b. "Amanda Burden Negotiating City Design." Urban Age South America Conference, São Paulo, Brazil, December 3–5. Available at http://www.youtube.com/watch?v=JiCgFZvNIC4.

———. 2009. "Shaping the City: A Strategic Blueprint for New York's Future/The Five Borough Economic Plan," presented at the American Institute of Architects, New York Chapter, Center for Architecture, New York, May 26.

Butler, Stuart. 1981. *Enterprise Zones: Greenlining the Inner Cities*. New York: Universe Books.

Butzel, Albert. 2008. Remarks at "Civic Talk: Battles of Development," Museum of the City of New York, New York, July 17.

Caldwell, Diane. 2007. "Once at Cotillions, Now Reshaping the Cityscape." *New York Times*, January 15, 1.

Caro, Robert. 1975. *The Power Broker: Robert Moses and the Fall of New York*. New York: Vintage Books.

Chaban, Matt. 2009. "Planning Ahead: Amid Flurry of Approvals, New York Moves Forward on the High Line." *Architect's Newspaper*, October 20. Available at http://www.archpaper.com/e-board_rev.asp?News_ID=3944.

Chan, Sewell. 2007. "Panel Rejects Columbia's Expansion Plan." *New York Times*, August 16. Available at http://cityroom.blogs.nytimes.com/2007/08/16/panel-rejects-columbias-expansion-plan/?ref=sewellchan.

City of New York Independent Budget Office. 2006. "Double Play: The Economics and Financing of Stadiums for the Yankees and the Mets." Available at http://www.ibo.nyc.ny.us/iboreports/doubleplay.html.

———. 2009. "The Proposed Arena at Atlantic Yards: An Analysis of City Fiscal Gains and Losses." Available at http://www.ibo.nyc.ny.us/iboreports/AtlanticYards091009.pdf.

City of Portland Bureau of Planning. 2008. "Urban Design Assessment: Central Portland Plan." Available at http://www.portlandoregon.gov/bps/article/218810.

City of Toronto. 2002. "Regeneration in Kings: Directions and Emerging Trends." Available at http://www.toronto.ca/planning/kings_execsum.htm.
———. 2003. "Culture Plan for the Creative City." Available at http://www.toronto.ca/culture/brochures/2003_cultureplan.pdf.
"City Planning: Battle of the Approach." 1943. *Fortune* 18:164–168, 222–223.
Coalition for a Livable Future. 2007. *The Regional Equity Atlas: Metropolitan Portland's Geography of Opportunity*. Portland, OR: Coalition for a Liveable Future and Portland State University. Available at http://www.equityatlas.org/chapters/EquityAtlas.pdf.
Columbia University. n.d. "Manhattanville in West Harlem." Available at http://neighbors.columbia.edu/pages/manplanning/index.html (accessed November 11, 2007).
Congress for the New Urbanism. 2001. "Charter of the New Urbanism." Available at http://www.cnu.org/charter.
Cooper, Alexander. 2009. Interview with the author, January 13.
Dear, Michael. 1989. "Survey 16: Privatization and the Rhetoric of Planning Practice." *Environment and Planning D: Society and Space* 7:449–462.
Debord, Guy. 1983. *Society of the Spectacle*. Detroit: Black and Red.
Develop Don't Destroy Brooklyn. 2007. "Documents Show More Than Half of the Financing for Forest City Ratner's Atlantic Yards Project Is Government Backed." Available at http://dddb.net/php/press/070606Subsidies.php.
———. 2009a. "About the Ratner Plan." Available at http://dddb.net/php/aboutratner.php.
———. 2009b. "New Atlantic Yards Lawsuit Slams Empire State Development Corporation; Could Doom Project." Available at http://www.dddb.net/php/latestnews_Linked.php?id=2398.
———. 2010. "Eminent Domain." Available at http://www.developdontdestroy.org/eminentdomain.
Doctoroff, Daniel. 2009. Remarks at "Plan NYC: Innovation and Legacy," Museum of the City of New York, New York, April 15.
Dolowitz, D., and D. Marsh. 1996. "Who Learns What from Whom: A Review of the Policy Transfer Literature." *Political Studies* 44:343–357.
Dotan, Hamutal. 2009. "Following in Jane's Footsteps." *Torontoist*, May 1. Available at http://torontoist.com/2009/05/following_in_her_footsteps.
Dreier, Peter. 2006. "Jane Jacobs's Legacy." *City and Community* 5 (3): 227–231.
Duncan, James, and Nancy Duncan. 2001. "The Aestheticization of the Politics of Landscape Preservation." *Annals of the Association of American Geographers* 91 (2): 387–409.
Dunlap David. 1988. "At 50, Planning Commission's Influence Is Diminishing." *New York Times*, November 30, B1.
———. 1992. "The Quest for a New Zoning Plan." *New York Times*, August 12, 101.
Editorial. 2007. *Portland Oregonian*, January 5, C6.
Fainstein, Susan. 2005a. "The Return of Urban Renewal: Dan Doctoroff's Grand Plans for New York City." *Harvard Design Magazine* 22:1–5.
———. 2005b. "Cities and Diversity: Should We Want It? Can We Plan For It?" *Urban Affairs Review* 41 (3): 4–19.

Finder, Alan. 1989. "Council Land-Review Role Increased." *New York Times*, August 2, B3.

Fishman, Robert. 2000. "The Death and Life of American Regional Planning." In *Reflections on Regionalism*, edited by Bruce Katz, 107–123. Washington, DC: Brookings Institution Press.

———. 2007. "Revolt of the Urbs: Robert Moses and His Critics." In *Robert Moses and the Modern City: The Transformation of New York*, edited by Hilary Ballon and Kenneth Jackson, 122–129. New York: Norton.

Flint, Anthony. 2009. *Wrestling with Moses: How Jane Jacobs Took on New York's Master Builder and Transformed the American City*. New York: Random House.

Florida, Richard. 2002. *The Rise of the Creative Class and How It's Transforming Work, Leisure, Community, and Everyday Life*. New York: Basic Books.

Flyvberg, Bent. 2005. "Design by Deception: The Politics of Megaproject Approval." *Harvard Design Magazine* 22:50–59.

Forty, Adrian. 1992. *Objects of Desire: Design and Society Since 1750*. London: Thames and Hudson.

Freeman, Joshua. 2000. *Working-Class New York: Life and Labor since World War II*. New York: New Press.

Furman Center for Real Estate and Urban Policy. 2010. "How Have Recent Rezonings Affected the City's Ability to Grow?" Available at http://furmancenter.org/files/publications/Rezonings_Furman_Center_Policy_Brief_March_2010.pdf.

Garber, Judith, and David Imbroscio. 1996. "The Myth of the North American City Reconsidered: Local Constitutional Regimes in Canada and the United States." *Urban Affairs Review* 31 (5): 595–624.

Gans, Herbert. 2006. "Jane Jacobs: Toward an Understanding of 'Death and Life of Great American Cities.'" *City and Community* 5 (3): 213–215.

Gardner, Ralph, Jr. 2002. "Social Planner." *New York*, May 13. Available at http://nymag.com/nymetro/news/politics/newyork/features/6005.

Gelfand, Mark. 1975. *A Nation of Cities*. New York: Oxford University Press

Gilbert, Helen. 2001. "A Case Study in Contemporary Development: How Does It Measure Up to the Principles of Classic Urban Design Theorists?" Paper presented at the Seventh Annual Pacific Rim Real Estate Society Conference, Adelaide Australia, January 21–24.

Goldberger, Paul. 2007a. "Eminent Dominion: Rethinking the Legacy of Robert Moses." *New Yorker*, February 5. Available at http://www.newyorker.com/arts/critics/skyline/2007/02/05/070205crsk_skyline_goldberger.

———. 2007b. "Commemoration." In *Block by Block: Jane Jacobs and the Future of New York*, edited by Timothy Mennel, Jo Steffens, and Christopher Klemek, 12. Princeton, NJ: Princeton Architectural Press.

Gordon, David. 1997. *Battery Park City: Politics and Planning on the New York Waterfront*. Amsterdam: Gordon and Breach.

Gottlieb, Martin. 1989. "Climbing Jacobs' Ladder." *The Nation*, June 5, 772–776.

Grant, Kelly. 2010. "Province Approves Reducing Queens Quay to Two Lanes." *Globe and Mail*, April 20. Available at http://www.theglobeandmail.

com/news/toronto/province-approves-reducing-queens-quay-to-two-lanes/article4315595.

Gratz, Roberta Brandes. 2010a. Remarks at "Jane Jacobs, Robert Moses and the Automobile," Museum of the City of New York, New York, May 17.

———. 2010b. *The Battle for Gotham: New York in the Shadow of Robert Moses and Jane Jacobs*. New York: Nation Books.

Greenberg, Ken. 2010. Interview with the author, June 29.

Hackworth, Jason. 2000. "The Third Wave." Ph.D. dissertation, Rutgers University.

Haley, Gregory. 2007. "Balancing Great American Cities: Its Form AND Content." *E-Oculus*. Available at http://www.aiany.org/eOCULUS/newsletter/?p=203.

Halle, David. 2006. "Who Wears Jane Jacobs' Mantle in Today's New York City?" *City and Community* 5 (3): 237–241.

Harvey, David. 1990a. *The Condition of Postmodernity: An Enquiry into the Origins of Cultural Change*. Oxford: Blackwell.

———. 1990b. "Between Space and Time: Reflections on the Geographical Imagination." *Annals of the Association of American Geographers* 80 (3): 418–434.

———. 1997. "The New Urbanism and the Communitarian Trap." *Harvard Design Magazine* 1 (Winter/Spring): 1–3.

———. 2008a. "The Right to the City." Fifth Annual Lewis Mumford Lecture on Urbanism, Graduate Program in Urban Design, School of Architecture, City College, New York. April 3.

———. 2008b. "The Right to the City." *New Left Review* 53:23–40.

———. 2010. *The Enigma of Capital: And the Crises of Capitalism*. Oxford: Oxford University Press.

Hess, Paul. 2010. Interview with the author, June 28.

Hume, Christopher. 2007. "Is It Time for the Great Synthesis?" *Toronto Star*, October 6. Available at http://www.thestar.com/article/264146--is-it-time-for-the-great-synthesis.

———. 2010. "How Toronto Plans for Failure." *Toronto Star*, May 8. Available at http://www.thestar.com/news/insight/article/806539--how-toronto-plans-for-failure.

Husock, Howard. 1994. "Urban Iconoclast: Jane Jacobs Revisited." *City Journal*, Winter: 110–114.

Institute for Urban Design. 2012. "About Us." Available at http://www.ifud.org/about-us.

Jackson, Kenneth. 1989. "Robert Moses and the Planned Environment: A Re-evaluation." In *Robert Moses, Single-Minded Genius*, edited by Joann Krieg, 21–30. Interlaken, NY: Heart of the Lakes.

———. 2007. "Robert Moses and the Rise of New York: The Power Broker in Perspective." In *Robert Moses and the Modern City: The Transformation of New York*, edited by Hilary Ballon and Kenneth Jackson, 67–71. New York: Norton.

Jacobs, Jane. 1958. Speech to the New York State Motorbus Convention, November 10. MS1995-29, box 25, folder 8, Jane Jacobs Papers Archives and Manuscripts, John J. Burns Library, Boston College.

———. 1962. "The Citizen in Urban Renewal: Participation or Manipulation?" Unpublished manuscript, Jane Jacobs Papers Archives and Manuscripts, John J. Burns Library, Boston College.

———. 1969. *The Economy of Cities*. New York: Vintage Books

———. 1992. *The Death and Life of Great American Cities*. New York: Random House.

———. 2005. "Letter to Mayor Bloomberg and the City Council." *Brooklyn Rail*. Available at http://www.brooklynrail.org/2005/05/local/letter-to-mayor-bloomberg.

———. n.d. "Public Life, at Sidewalk Scale." Unpublished manuscript, Jane Jacobs Papers Archives and Manuscripts, John J. Burns Library, Boston College.

Jameson, Fredric. 1996. "City Theory in Jacobs and Heidegger." In *Anywise*, edited by Cynthia Davidson, 32–39. Cambridge, MA: MIT Press.

Kayden, Jerold S. 2000. *Privately Owned Public Space: The New York City Experience*. New York: Wiley.

Kennicott, Philip. 2007. "A Builder Who Went to Town." *Washington Post*, March 1, NO1.

Kidder, Paul. 2008. "The Urbanist Ethics of Jane Jacobs." *Ethics, Place and Environment* 11 (3): 253–266.

King, John. 2007. "He May Not Be PC, but He Sure Could Plan a City." *San Francisco Chronicle*, April 20, E6.

Klemek, Christopher. 2007. "Jane Jacobs and the Future of New York." In *Block by Block: Jane Jacobs and the Future of New York*, edited by Timothy Mennel, Jo Steffens, and Christopher Klemek, 7–11. Princeton, NJ: Princeton Architectural Press.

———. 2008a. "From Political Outsider to Power Broker in Two 'Great American Cities': Jane Jacobs and the Fall of Urban Renewal Order in New York and Toronto." *Journal of Urban History* 34 (2): 309–332.

———. 2008b. Interview with the author, October 6.

Krueger, Robert. 2011. "Amanda Burden on Creating Value with Urban Open Space." *Urban Land*, November 23. Available at http://urbanland.uli.org/Articles/2011/Fall11/KruegerBurdenVid.

Lander, Brad. 2006. Remarks at "Jane Jacobs vs. Robert Moses: How Stands the Debate Today?" City University of New York, New York, October 11.

Lefebvre, Henri. 1996. *Writings on Cities*. Edited by Eleonore Kofman and Elizabeth Lebas. Oxford: Blackwell.

———. 2003. *The Urban Revolution*. Translated by Robert Bononno. Minneapolis: University of Minnesota Press.

Lemon, James. 1996. *Liberal Dreams and Nature's Limits: Great Cities of North America Since 1600*. Toronto: Oxford University Press.

Lilley, K. D. 1999. "Modern Visions of the Medieval City: Competing Conceptions of Urbanism in European Civic Design." *Environment and Planning B: Planning and Design* 26:427–446.

Lopez, Jose. 2009. Remarks at "Radical Urbanism: A Conference on the Right to the City," Graduate Center, City University of New York, New York, December 11.

Mandelbaum, Seymour. 1991. "Telling Stories." *Journal of Planning Education and Research* 10 (3): 209–213.

Martin, Douglas. 2006. "Jane Jacobs, Urban Activist, Is Dead at 89." *New York Times*, April 25, A1.

"Mayor Bloomberg and Speaker Quinn Announce Final Rezoning for Redevelopment of Hudson Yards Area." 2009. NYC.gov. Available at http://www.nyc.gov/portal/site/nycgov/menuitem.c0935b9a57bb4ef3daf2f1c701c789a0/index.jsp?pageID=mayor_press_release&catID=1194&doc_name=http%3A%2F%2Fwww.nyc.gov%2Fhtml%2Fom%2Fhtml%2F2009b%2Fpr545-09.html&cc=unused1978&rc=1194&ndi=1.

McCann, Eugene. 2004. "'Best Places': Interurban Competition, Quality of Life, and Popular Media Discourse." *Urban Studies* 41 (10): 1909–1929.

———. 2011. "Urban Policy Mobilities and Global Circuits of Knowledge: Toward a Research Agenda." *Annals of the Association of American Geographers* 101 (1): 107–130.

McGeehan, Patrick. 2011. "The High Line Isn't Just a Sight to See; It's Also an Economic Dynamo." *New York Times*, June 5, A18.

Medchill, Lisa. 2008. "The 100 Most Powerful People in New York Real Estate." *New York Observer*, May 14. Available at http://observer.com/2008/05/the-100-most-powerful-people-in-new-york-real-estate.

Merrifield, Andy. 2006. *Henri Lefebvre: A Critical Introduction*. New York: Routledge.

Miles, Malcolm. 2000. "After the Public Realm: Spaces of Representation, Transition and Plurality." *Journal of Art and Design Education* 19 (3): 253–261.

Miller, Jonathan. 1962. "In Praise of Hudson Street." *New Statesman*, October 12, 496–497.

Mollenkopf, John. 2004. *Contentious City: The Politics of Recovery in New York City*. New York: Russell Sage Foundation.

Montgomery, Roger. 1998. "Is There Still Life in *The Death and Life*?" *Journal of the American Planning Association* 64 (3): 269–274.

Moran, Tim. 2006. "ESDC Approves Atlantic Yards." *Real Deal*, December 8. Available at http://therealdeal.com/blog/2006/12/08/esdc-approves-atlantic-yards.

Morrone, Francis. 2008. "Battery Park City: A New Neighborhood Rises." Municipal Art Society walking tour, September 21.

Moses, Robert. 1942. "What Happened to Haussmann?" *Architectural Forum* 77:57–66.

———. 1943. "Director's Report." In *Portland Improvement*, 7–16 (Portland, OR: City of Portland). Available at http://blogtown.portlandmercury.com/images/blogimages/2009/09/30/1254339381-portland_improvement_-_robert_moses_1943.pdf.

———. 1944. "Mr. Moses Dissects the 'Long-Haired' Planners." *New York Times Magazine*, June 25, 16–17, 38–39.

———. 1961. Letter to Bennett Cerf. Jane Jacobs Papers Archives and Manuscripts, John J. Burns Library, Boston College.

Mumford, Lewis. 1939. Introduction to *Regional Planning in the Pacific Northwest*. Portland, OR: Northwest Regional Council.

———. 1959. "The Skyway's the Limit." *New Yorker*, November 14, 181–191.

———. 1961. Letter to Mr. Wensberg. Jane Jacobs Papers Archives and Manuscripts, John J. Burns Library, Boston College.

———. 1962. "Mother Jacobs' Home Remedies." *New Yorker*, December 1, 148–179.

Municipal Art Society of New York. 2007a. *Jane Jacobs and the Future of New York*. Urban Gallery, Municipal Art Society, New York.

———. 2007b. "The Oversuccessful City: Developers' Realities," New York Times Center Stage Auditorium, New York, November 27.

———. n.d. a. "Jane Jacobs Forum 2011: Women as Intellectuals." Available at http://mas.org/programs/jane-jacobs-forum/jj11 (accessed November 25, 2012).

———. n.d. b. "Livable Neighborhoods Program." Available at http://mas.org/programs/livable-neighborhoods (accessed November 25, 2012).

Muschamp, Herbert. 1998. "Critic's Notebook: Barking at the Barricades in a City of Twilight Zoning." *New York Times*, January 8, E2.

Museum of the City of New York. 2007. "Robert Moses and the Modern City: Remaking the Metropolis." Available at http://www.mcny.org/exhibitions/past/robert-moses-and-the-modern-city-remaking-the-metropolis.html.

Nelson, Arthur, Rolf Pendal, Casey Dawkins, and Gerrit Knapp. 2002. "The Link between Growth Management and Housing Affordability: The Academic Evidence." Brookings Institution Discussion Paper. Available at http://www.brookings.edu/es/urban/publications/growthmang.pdf.

Nelson, James. 2011. "449 Washington Street—Rezoning Gives a $1M Boost in Value." *National Real Estate Investor*, September 14. Available at http://blog.nreionline.com/the-full-nelson/2011/09/14/449-washington-street-—-rezoning-gives-a-1m-boost-in-value.

Newman, Oscar. 1996. *Creating Defensible Space*. Washington, DC: U.S. Department of Housing and Urban Development, Office of Policy Development and Research. Available at http://www.huduser.org/portal/publications/def.pdf.

New York City Department of City Planning. 2007. "Privately Owned Public Plazas: Text Amendment." Available at http://www.nyc.gov/html/dcp/pdf/priv/101707_final_approved_text.pdf.

———. 2012a. "Borough Waterfront Plans." Available at http://www.nyc.gov/html/dcp/html/pub/waternyc.shtml#contents.

———. 2012b. "Chair: Amanda M. Burden, FAICP." Available at http://www.nyc.gov/html/dcp/html/about/amandaburden.shtml.

———. 2012c. "Hudson Yards." Available at http://www.nyc.gov/html/dcp/html/hyards/hymain.shtml.

———. 2012d. "Privately Owned Public Space." Available at http://www.nyc.gov/html/dcp/html/pops/pops.shtml.

New York City Department of Housing Preservation and Development. 2002. "The New Housing Marketplace: Creating Housing for the Next Generation, 2004–2013." Available at http://nyc.gov/html/hpd/downloads/pdf/10yearHMplan.pdf.

———. 2008. "Mayor Bloomberg's Affordable Housing Plan." Available at http://www.nyc.gov/html/hpd/downloads/pdf/New-Housing-Market-Place-Plan.pdf.

New York City Economic Development Corporation. 2012. "Mission Statement." Available at http://www.nycedc.com/about-nycedc/mission-statement.

New York City Planning Commission. 1993. *Shaping the City's Future: New York City Planning and Zoning Report for Public Discussion*. New York: New York City Planning Commission.

New York Times Book Review. 1974. Advertisement for *The Power Broker*, October 13, 11.

"The 100 Most Influential Books Since the War." 1995. *Times Literary Supplement*, October 6, 39.

Orloff, Chet. 2010. E-mail exchange with the author, October 27.

Ouroussoff, Nicolai. 2006a. "Outgrowing Jane Jacobs." *New York Times*, April 30, C1.

———. 2006b. Remarks at "Jane Jacobs vs. Robert Moses: How Stands the Debate Today?" Gotham Center for New York City History, City University of New York, New York, October 11.

Peck, Jamie, and Nik Theodore. 2010. "Mobilizing Policy: Models, Methods, and Mutations." *Geoforum* 41:169–174.

Peck, Jamie, and Adam Tickell. 2002. "Neoliberalizing Space." *Antipode* 34 (3): 380–404.

Perrine, Jerilyn. 2008. Remarks at "First Annual Jane Jacobs Forum: Housing New Yorkers in the 21st Century," New York University Law School, New York, November 5.

"Pining for Glenn Jackson." 2007. *Portland Transport*, January 8. Available at http://portlandtransport.com/archives/2007/01/pining_for_glen.html.

Pinsky, Seth. 2008. "Update on New York City's Economic Development," presented at "Dialogue between Planners and Architects" meeting, American Planning Association Economic Development Committee, American Institute of Architects, New York, September 18.

Pogrebin, Robin. 2004. "An Aesthetic Watchdog in the City Planning Office." *New York Times*, December 29, E1.

———. 2007. "Rehabilitating Robert Moses." *New York Times*, January 23, 28.

Portland State University. 2009. "Certified Population for Oregon and Oregon Counties." Available at http://www.pdx.edu/sites/www.pdx.edu.prc/files/media_assets/2009CertPopEst_web3.pdf.

Portland State University College of Urban and Public Affairs. 2010. "Learning Portland: Expert's Guide to Where to Find It and How It Happened." Promotional brochure.

Pratt Center for Community Development. 2009. "Protecting New York's Threatened Manufacturing Space." Available at http://prattcenter.net/issue-brief/protecting-new-yorks-threatened-manufacturing-space.

Pratt Institute Department of City and Regional Planning. 1962. Editorial. *Pratt Planning Papers* 1 (3): 1.

———. 1963. Editorial. *Pratt Planning Papers* 2 (3): 2–4.

Project for Public Spaces. n.d. a. "About: Placemaking for Communities." Available at http://www.pps.org/info/aboutpps/about (accessed November 20, 2012).

———. n.d. b. "Placemaker Profiles." http://www.pps.org/reference-categories/placemaker-profiles (accessed November 20, 2012).

Ravitch, Richard. 2008. Remarks at "The Fate of the Far West Side: New York Neighborhoods, Development, and Preservation," Museum of the City of New York, New York, January 29.

Regional Plan Association. 2012. "Mission." Available at http://www.rpa.org/mission.html.

Rich, Damon. n.d. "Big Plans and Little People, or Who Has the Keys to the Federal Bulldozer?" Unpublished manuscript in the author's possession.

Roberts, Sam. 2006. "Bloomberg Administration Is Developing Land Use Plan to Accommodate Future Populations." *New York Times*, November 26, 39.

Rochon, Lisa. 2007. "New Ideas Require New Buildings." In *Block by Block: Jane Jacobs and the Future of New York*, edited by Timothy Mennel, Jo Steffens, and Christopher Klemek, 40–42. New York: Princeton Architectural Press.

Rockefeller Foundation. n.d. "Jane Jacobs Medal." Available at http://www.rockefellerfoundation.org/what-we-do/where-we-work/new-york-city/jane-jacobs-medal (accessed December 11, 2012).

Sagalyn, Lynne. 2004. "The Politics of Planning the World's Most Visible Urban Development Project." In *Contentious City*, edited by John Mollenkopf, 23–72. New York: Russell Sage Foundation.

———. 2008. Remarks at "The Fate of the Far West Side: New York Neighborhoods, Development and Preservation," Museum of the City of New York, New York, January 29.

Santos, Fernanda. 2009. "Preparing Workers for Jobs after the Junkyards Go." *New York Times*, May 27, A21.

Schumer, Charles. 2005. "West Side Site Isn't Downtown's Foe." *Newsday*, May 25.

Schwartz, Joel. 1993. *The New York Approach: Robert Moses, Urban Liberals, and the Redevelopment of the Inner City*. Columbus: Ohio State University Press.

———. 2007. "Robert Moses and City Planning." In *Robert Moses and the Modern City: The Transformation of New York*, edited by Hilary Ballon and Kenneth Jackson, 130–133. New York: Norton.

Sennett, Richard. 1970. "An Urban Anarchist," review of *The Economy of Cities*. *New York Review of Books* 13 (12): 22–24.

Shiffman, Ron. 2007. Remarks at "Interpreting and Misinterpreting Jane Jacobs: New York and Beyond," Museum of the City of New York, New York, March 3.

Sites, William. 2003. *Remaking New York: Primitive Globalization and the Politics of Urban Community*. Minneapolis: University of Minnesota Press.

Smith, Neil. 1996. *The New Urban Frontier: Gentrification and the Revanchist City*. New York: Routledge.

———. 2002. "New Globalism, New Urbanism: Gentrification as Global Urban Strategy." *Antipode* 34 (3): 427–450.

———. 2008. *Uneven Development: Nature, Capital, and the Production of Space*. 3rd ed. Athens: University of Georgia Press.
Smith, Neil, and James DeFilippis. 1999. "The Reassertion of Economics: 1990s Gentrification in the Lower East Side." *International Journal of Urban and Regional Research* 23 (4): 638–653.
Smith, Neil, and Scott Larson. 2007. "Beyond Moses and Jacobs." *Planetizen*, August 13. Available at https://www.planetizen.com/node/26287.
Sorkin, Michael. 2006. Remarks at "Jane Jacobs vs. Robert Moses: How Stands the Debate Today?" Gotham Center for New York City History, City University of New York, New York, October 11.
———. 2007. "Can Robert Moses Be Rehabilitated for a New Era of Building?" *Architectural Record* 195 (3): 23.
———. 2008. Interview with the author, June 3.
South, Walter. 2007. "Columbia University's Planned Expansion," presented at Department of Urban Affairs and Planning, Hunter College, New York, September 17.
Starita, Angela. 2008. "Profiles in Courage: Building in Uncertain Times." *Architect's Newspaper* 6 (13): 28.
Sternberg, Ernest. 2000. "An Integrative Theory of Urban Design." *Journal of the American Planning Association* 66 (3): 265–278.
Stolarick, Kevin. 2010. Interview with the author, July 15.
Sutton, Stacey. 2008. Remarks at "Radical Urbanism: Critical Discourse on the Right to the City," Center for Place, Culture, and Politics, Graduate Center, City University of New York, New York, December 12.
Throgmorton, James. 1992. "Planning as Persuasive Storytelling about the Future: Negotiating an Electric Power Rate Settlement in Illinois." *Journal of Planning Education and Research* 12:17–31.
U.S. Bureau of the Census. 2000a. Summary File 1: Demographic profile.
———. 2000b. Summary File 3: Income profile.
Vitullo-Martin, Julia. 2008. "Rezone the Rockaways—They've Waited Long Enough." Manhattan Institute, June. Available at http://www.manhattan-institute.org/email/crd_newsletter06-08.html.
Wallace, Mike. 2006. Remarks at "Jane Jacobs vs. Robert Moses: How Stands the Debate Today?" City University of New York, New York, October 11.
Washburn, Alexandros. 2008a. "Civic Virtue by Design: The Meaning behind Mayor Bloomberg's Vision for New York City." Unpublished manuscript in the author's possession.
———. 2008b. Remarks at "Ecotones: Mitigating NYC's Contentious Sites" conference, American Institute of Architects, New York, May 22.
Wells, Richard. 2007. "A Moses for Our Time." *Brooklyn Rail*, March. Available at http://www.brooklynrail.org/2007/03/express/a-moses-for-our-time.
Whyte, William. 1989. *City: Rediscovering the Center*. New York: Doubleday.
Wickersham, Jay. 2001. "Jane Jacobs's Critique of Zoning: From Euclid to Portland and Beyond." *Boston College Environmental Affairs Law Review* 28 (4): 547–564.
Windells, Paul. 1948. "Metropolis at the Crossroads." *National Municipal Review* 37 (7): 371–376.

Winsa, Patty. 2010. "Queens Quay Ready for Its Makeover." *Toronto Star*, April 19. Available at http://www.thestar.com/news/gta/article/797710--queens-quay-ready-for-its-makeover?bn=1#article.

Wintrob, Suzanne. 2010. "GTA Waterfront Properties in Great Demand." *National Post*, June 18. Available at http://www.nationalpost.com/waterfront+properties+high+demand/3172238/story.html.

Yaro, Robert. 2008. Interview with the author, November 11.

———. 2009. Remarks at "New Urbanism for New Yorkers," Museum of the City of New York, New York, February 25.

Yaro, Robert, and Tony Hiss. 1996. *A Region at Risk: The Third Regional Plan for the New York–New Jersey–Connecticut Metropolitan Area*. Washington, DC: Island Press.

Zuccotti, John. 1974. "How Does Jane Jacobs Rate Today?" *Planning*, June, 23–27.

Zukin, Sharon. 1987. "Gentrification: Culture and Capital in the Urban Core." *Annual Review of Sociology* 13:129–147.

———. 2006. "Jane Jacobs: The Struggle Continues." *City and Community* 5 (3): 223–236.

———. 2010. *Naked City: The Death and Life of Authentic Urban Places*. New York: Oxford University Press.